"十四五"时期国家重点出版物出版专项规划项目

中国天眼（FAST）工程丛书

中国天眼

电子电气卷

甘恒谦 张海燕 张志伟
刘鸿飞 朱 岩 著

人民邮电出版社
北 京

图书在版编目（CIP）数据

中国天眼. 电子电气卷 / 甘恒谦等著. -- 北京：
人民邮电出版社, 2024. 12. -- （中国天眼（FAST）工程
丛书）. -- ISBN 978-7-115-63683-6

Ⅰ. TN16

中国国家版本馆 CIP 数据核字第 2024L5U941 号

内 容 提 要

本书主要围绕 FAST 接收机研制及性能测试、电磁兼容研究及实现、电气系统设计及实施等内容展开。"接收机研制及性能测试"部分介绍了 FAST 接收机组成及关键技术、各频段接收机研制及性能测试、接收机与 FAST 联合性能测试等；"电磁兼容研究及实现"部分介绍了 FAST 的电磁兼容指标、各分系统的电磁兼容设计及实施、各部件的电磁辐射特性及屏蔽效能测试、电磁波环境监测及保护等；"电气系统设计及实施"部分介绍了 FAST 供电系统设计及施工、综合布线系统设计及施工、各分系统电气设备的主要构成及功能、防雷系统设计及实施等。

本书内容丰富，涉及学科和技术领域众多，适合电气类、电子工程类专业的高校师生阅读，也可供相关领域的工程技术人员参考。

◆ 著　　　　甘恒谦　张海燕　张志伟　刘鸿飞　朱　岩
　　责任编辑　杨　凌
　　责任印制　马振武
◆ 人民邮电出版社出版发行　　北京市丰台区成寿寺路 11 号
　　邮编　100164　　电子邮件　315@ptpress.com.cn
　　网址　https://www.ptpress.com.cn
　　北京盛通印刷股份有限公司印刷
◆ 开本：700×1000　1/16
　　印张：13.75　　　　　　　　2024 年 12 月第 1 版
　　字数：183 千字　　　　　　 2024 年 12 月北京第 1 次印刷

定价：119.00 元

读者服务热线：**(010)81055410**　印装质量热线：**(010)81055316**
反盗版热线：**(010)81055315**

丛书编委会

主　编：姜　鹏

副主编：李　辉　　甘恒谦　　孙京海　　朱　明

编　委：王启明　　孙才红　　朱博勤　　朱文白

　　　　朱丽春　　金乘进　　张海燕　　潘高峰

　　　　于东俊

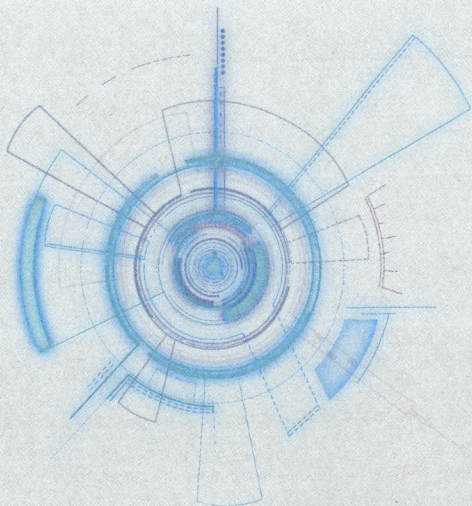

丛书序一

重大科技基础设施是为探索未知世界、发现自然规律、实现技术变革提供极限研究手段的大型复杂科学研究系统，是突破科学前沿、解决经济社会发展和国家安全重大科技问题的物质技术基础。在诸多重大科技基础设施之中，500米口径球面射电望远镜（FAST）——"中国天眼"，以其傲视全球的规模与灵敏度，成为中国乃至世界科技史上的璀璨明珠。

作为"中国天眼"曾经的建设者，我对参与这项举世瞩目的工程深感荣幸，更为"中国天眼（FAST）工程丛书"的出版感到无比喜悦与自豪。本丛书不仅完整记录了"中国天眼"从概念萌芽到建成运行的创新历程，更凝聚着建设团队二十余载的心血与智慧。翻开本丛书，那些攻坚克难的日日夜夜仿佛重现眼前：主动反射面、馈源支撑、测量与控制、接收机与终端等系统的建设，台址开挖、观测基地等单位工程的每一个细节，无不彰显着中国科技工作者的执着与担当。本丛书不仅是对过往奋斗历程的忠实记录，更是我国科技自立自强的生动写照。

"中国天眼（FAST）工程丛书"科学价值卓越。本丛书通过翔实的资料、严谨的数据和科学的记录，全面展示了当前世界最大单口径、最灵敏的射电望远镜——"中国天眼"的科学目标。"中国天眼"凭借其无与伦比的灵敏度，成功捕捉到来自遥远星系，甚至宇宙边缘的微弱信号。这些信号如同穿越时空的信使，为我们揭示了宇宙深处的奥秘。本丛书生动展示了"中国天眼"如何助力科学家们发现新的脉冲星、快速射电暴等天体现象，这

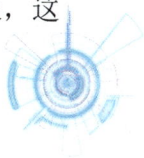

些发现不仅丰富了天文学的观测数据库，更为我们理解极端物理条件下的天体形成机理提供了宝贵线索。

"中国天眼（FAST）工程丛书"技术解析深入。本丛书深入剖析了"中国天眼"在设计、建造、调试、运行等各个环节中的技术创新与突破。从选址的精心考量到结构的巧妙设计，从高精度定位系统的研发到海量数据的处理与分析，每一项技术成果都凝聚了无数科技工作者的智慧与汗水。这些技术创新不仅推动了我国天文学领域的进步，也为其他领域的科技发展提供了宝贵的经验和启示。

"中国天眼（FAST）工程丛书"社会意义深远。作为"十一五"期间立项的国家重大科技基础设施，"中国天眼"的建造和运行不仅提升了我国在全球科技竞争中的地位和影响力，更为我国创新驱动发展战略的实施注入了强大的动力。"中国天眼（FAST）工程丛书"是一套集科学性、技术性与人文性于一体的优秀著作。本丛书的出版，是对FAST工程最好的记录。它不仅系统梳理了工程建设的经验，为我们揭开了"中国天眼"这一神秘而伟大的科学装置的面纱；更展现了科技工作者追求卓越的精神，为我们提供了深入思考科学、技术与社会关系的宝贵素材。

希望本丛书能为射电天文从业者提供一些经验和技术借鉴，激励更多年轻人投身天文事业。未来，期待他们可以建设更多的天文大科学装置，在探索宇宙的道路上不断前行。

中国科学院国家天文台原台长
FAST 工程经理、总指挥

2024 年 12 月

丛书序二

在浩瀚宇宙的探索之旅中,每一次科技的飞跃都是人类智慧与勇气的结晶。作为中国天文学乃至国际天文学领域的一项壮举,500 米口径球面射电望远镜(FAST)——"中国天眼"的建成与运行,无疑是射电天文探索宇宙奥秘历程中的一座重要里程碑。而今,随着"中国天眼(FAST)工程丛书"的问世,我们可以更加全面、深入地了解这一伟大工程,感受其背后的技术创新与科学精神。

作为一名在射电天文领域深耕多年的科研人员,我非常荣幸地向广大读者推荐这套珍贵的学术丛书。"中国天眼(FAST)工程丛书"分为 5 卷,每一卷聚焦"中国天眼"的不同维度,共同构建了一幅完整而丰富的科学画卷。

《中国天眼·总体卷》作为开篇之作,系统介绍了"中国天眼"的总体设计思路、建设背景及战略意义,为其余各卷的详细阐述奠定了坚实的基础。该卷不仅概览了工程全貌,而且深刻阐述了"中国天眼"在天文学领域的重要地位,对于理解其科学价值具有重要意义。

《中国天眼·结构、机械与工程力学卷》从专业技术的角度,详细剖析了"中国天眼"构造的奥秘。无论是独特的台址系统,还是极具特色的主动反射面和馈源支撑系统,都展现了我国科研人员与工程技术人员的智慧与精湛技艺。这些技术的成功应用,不仅保证了"中国天眼"的稳定运行与高效观测,更为我国乃至全球的工程技术树立了新的标杆。

　　《中国天眼·电子电气卷》将我们带入了一个充满科技与创新的电子世界。接收机的研制及性能测试、电磁兼容的研究及实现、电气系统的设计及实施……这些看似枯燥的技术细节，实则是"中国天眼"能够稳定运行并持续获得高质量科学数据的关键所在。

　　《中国天眼·测量与控制卷》聚焦测控系统的设计与实现。作为"中国天眼"的"神经系统"，测控系统负责望远镜的精准定位、稳定运行与数据采集等核心任务。该卷详细介绍了测控系统的设计思路、技术难点、分析方法及解决方案，让我们领略到现代测控技术的先进性与复杂性。

　　《中国天眼·数据与科学卷》介绍了"中国天眼"在数据采集、处理与存储方面的创新成果，不仅展示了"中国天眼"在寻找脉冲星、快速射电暴，以及中性氢巡天等领域的卓越表现，还探讨了这些发现对现代天文学研究的推动作用，是科研人员进行天文观测数据分析的实用指南。

　　"中国天眼（FAST）工程丛书"的出版，是 FAST 团队对多年建设、调试和运行经验的全面记录与总结，为未来重大科技基础设施建设提供了宝贵经验。同时，这套专业的学术丛书，为科研人员和相关专业的师生提供了重要的学习资料与技术参考，有助于科技人才培养，为射电天文及相关领域的发展注入强劲动力。

中国科学院紫金山天文台研究员

中国科学院院士

2024 年 12 月

人类仰望苍穹时，总是在想：我们是谁？我们从哪里来？我们要往哪里去？我们是否孤独？……如何科学解答人类的困惑，天文学家一直在努力寻求突破。

1609 年，意大利科学家伽利略用他自制的放大倍数为 32 倍的望远镜指向星空时，可谓人类第一次揭开宇宙的神秘面纱。随着科技的飞速发展，人类探索宇宙的手段日新月异。500 米口径球面射电望远镜（Five-hundred-meter Aperture Spherical radio Telescope，FAST）的建成，正是人类迈向未知世界的重要一步。

FAST 是"十一五"重大科技基础设施建设项目。该项目利用贵州的天然喀斯特洼地作为望远镜台址，建造世界最大单口径射电望远镜，以实现大天区面积、高精度的天文观测。项目总投资 11.7 亿元，2011 年 3 月 25 日开工建设，2016 年 9 月 25 日工程落成启用。落成启用当天，习近平总书记发来贺信指出："天文学是孕育重大原创发现的前沿科学，也是推动科技进步和创新的战略制高点。500 米口径球面射电望远镜被誉为'中国天眼'，是具有我国自主知识产权、世界最大单口径、最灵敏的射电望远镜。"从此，FAST 有了享誉全球的名字——中国天眼。

以南仁东为首的中国天文学家团队提出建设"中国天眼"的想法，并为之呕心沥血。在南仁东等老一辈科学家的带领下，"中国天眼"的工程技术人员迅速成长。为了工程建设，他们开始了异地坚守、舍家拼搏的奉献之旅。2011 天，数百名科技工作者用自己最好的青春年华，谱写了"中国天眼"最美的乐章。

2020 年 1 月，"中国天眼"通过国家验收后进入了安全、高效、稳定的

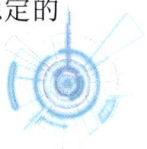

望远镜运行阶段。FAST 拥有科学的管理模式、合理的运维体系、专业的运维队伍、开放的国际平台、海量的科学存储，实现了全链条、高效率的运行管理，连续四年荣获中国科学院国家重大科技基础设施评选第一名的佳绩。截至 2024 年 11 月，FAST 发现的脉冲星已超千颗，超过同一时期国际上其他望远镜发现脉冲星的总和；开展中性氢巡天任务，构建并释放了全球最大的中性氢星系样本，样本数量和数据质量远超国内外其他中性氢巡天项目；在脉冲星物理、快速射电暴起源、星系形成演化及引力波探测等领域，产出了一系列世界级科研成果。

11 篇重要成果发表于《自然》和《科学》主刊。快速射电暴相关成果入选《自然》《科学》杂志 2020 年度十大科学发现 / 突破，并于 2021 年、2022 年连续两年入选我国科学技术部发布的中国科学十大进展。"FAST 探测到纳赫兹引力波存在的关键性证据"这一成果入选《科学》杂志 2023 年度十大科学突破、中央广播电视总台发布的 2023 年度国内十大科技新闻和两院院士评选的 2023 年中国十大科技进展新闻。此外，FAST 团队获得了 9 项省部级科技一等奖及"中国土木工程詹天佑奖"等 19 项社会奖励，先后被授予首届"国家卓越工程师团队"、"第六届全国专业技术人才先进集体"、第 23 届"中国青年五四奖章集体"等多项荣誉称号。

为了总结 FAST 关键技术，传承科学精神，深入展现这一世界级天文观测设施的科技成就与建设历程，FAST 团队成员共同编撰了"中国天眼（FAST）工程丛书"。丛书旨在全面、深入、系统地记录 FAST 的科学目标、技术创新、工程建设、运行管理及其对科学研究的深远影响，为国内外科研人员立体而生动地呈现 FAST 全貌，同时也为我国的科技基础设施建设与运行管理提供宝贵的经验借鉴。

"中国天眼（FAST）工程丛书"包含 5 卷，每一卷聚焦 FAST 的不同维度，共同构成了"中国天眼"完整的知识体系。

《中国天眼·总体卷》作为丛书的开篇之作，从宏观视角出发，简述了射电天文学和射电望远镜，在此基础上全面阐述了 FAST 的设计概念、核心科学目标、建设与调试情况、运行管理情况及未来规划，使读者能够清晰地了解 FAST 的总体蓝图和发展历程。

《中国天眼·结构、机械与工程力学卷》从结构、机械与工程力学专业的角度对 FAST 进行介绍，内容涵盖望远镜台址系统和两大工艺系统——主动反射面和馈源支撑。回顾 FAST 从创新概念的提出，到当前已进入正常的设备运行维护这 20 多年的历史，讲述 FAST 在工程建设前的研发阶段，在工程建设、设备调试和设备运行维护期间，在望远镜结构、机械与工程力学等专业方面所面临的技术难题和挑战、解决问题的方法和设计方案、工程实施的详细过程等。该卷内容翔实，介绍了所涉及的专业理论、研究背景和可能的应用，对于有志从事相关研究的科研工作者和工程技术人员具有重要的参考意义，有助于培养启发性思维。

《中国天眼·电了电气卷》主要包括 3 部分内容：接收机研制及性能测试、电磁兼容研究及实现、电气系统设计及实施。第一部分汇总描述 FAST 7 套接收机的主要构成、性能指标、关键技术及研制过程，包括初步设计、详细设计、部件加工、组装测试、安装调试等。第二部分主要介绍 FAST 的电磁兼容指标、各分系统的电磁兼容设计及实施、各部件的电磁辐射特性及屏蔽效能测试、电磁波环境监测及保护等。第三部分主要介绍 FAST 供电系统设计及施工、综合布线系统设计及施工、各分系统电气设备的主要构成及功能、防雷系统设计及实施等。该卷从天眼工程实例出发，系统介绍望远镜接收机、电磁兼容系统以及电子电气系统的原理、设计、研制过程等，可以给射电天文从业者提供相关的参考。

《中国天眼·测量与控制卷》主要包括 3 部分内容。第一部分详细介绍建立基准控制网的过程，这是实现高精度测控的基础条件。高精度测量是望远镜控制乃至整个望远镜高效观测的前提。第二部分详细介绍望远镜测量，针对反射面和馈源支撑的不同测量需求，深入介绍多种测量方案和测

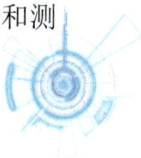

量设备。第三部分详细介绍望远镜控制，控制系统是 FAST 在观测时实现望远镜功能和性能的执行机构，根据功能和控制对象的不同，分为总控、反射面控制和馈源支撑控制，涉及多种创新控制方法。该卷可以帮助读者了解 FAST 如何在复杂的环境中保持高精度运行，对于未来新一代、更先进的大型望远镜研制具有重要的参考借鉴作用。

《中国天眼·数据与科学卷》深入讲解 FAST 的科学目标、时域科学与频域科学、科学数据处理、科学数据存储，以及基于这些数据所开展的前沿科学研究。从发现新的脉冲星到研究黑洞和中性氢，从探索宇宙起源到寻找地外文明，FAST 正刷新着人类对宇宙的认知，展示了其在天文学发展方面的巨大潜力。同时，该卷可以帮助读者了解 FAST 海量数据的存储和管理过程，掌握海量数据存得住、管得好的实用方法。

"中国天眼（FAST）工程丛书"的顺利出版，得到了国家出版基金的大力支持以及人民邮电出版社的鼎力帮助。国家出版基金的资助，为丛书的编撰提供了坚实的资金保障；人民邮电出版社以其专业的编辑团队、丰富的出版经验，为丛书的顺利出版提供了全方位的支持与帮助。在此，我谨代表丛书编委会向国家出版基金和人民邮电出版社致以最诚挚的感谢！同时，也要感谢所有参与 FAST 项目设计、建设、运行与研究的科研人员、工程技术人员，以及为丛书编撰提供宝贵建议的各位同仁，是你们的辛勤工作与无私奉献，共同铸就了"中国天眼（FAST）工程丛书"这一科技与文化的结晶。

我们期待，"中国天眼（FAST）工程丛书"的出版能够激发更多人对科学的热爱与追求，推动天文学及相关领域的发展，为人类探索宇宙奥秘贡献更多的智慧与力量。

中国科学院国家天文台副台长

FAST 运行和发展中心主任、总工程师

2024 年 12 月

千百年来，人类通过可见光波段观测宇宙，实际上，天体的辐射覆盖整个电磁波段。20 世纪 30 年代，卡尔·央斯基（Karl Jansky）意外发现了来自银河系中心的电磁辐射，为天文学研究打开了一个新的观测窗口——射电天文学。这一新兴学科贡献了 20 世纪 60 年代的四大天文发现——类星体、脉冲星、星际分子和 3K 背景辐射，产生了 5 项诺贝尔奖，使用射电望远镜进行观测成为人类观测和认识宇宙的重要手段。

与通信领域的微波天线相似，射电望远镜通常由三个主要部分构成：汇聚电磁波的反射面和指向装置组成的天线系统、接收和处理信号的接收机系统、数据处理及记录系统。然而，天体辐射的电磁波极其微弱，自射电天文学诞生以来，所有射电望远镜接收的总能量还翻不动一页书。阅读来自宇宙边缘的微弱信息需要大口径望远镜，但由于其自重和风载会引起形变，目前全可动望远镜的最大口径只能做到 100m 左右。

为实现跨越式发展，中国天文界提出了建造全世界最大的单口径射电望远镜——500 米口径球面射电望远镜。它具有三项自主创新：利用贵州天然的喀斯特洼坑作为台址；洼坑内铺设数千块球面面板单元并组成 500 米球冠状主动反射面；采用轻型索拖动机构和并联机器人，实现望远镜接收机的高精度定位。全新的设计思路，加上得天独厚的台址优势，FAST 突破了望远镜的百米工程极限，开创了建造巨型射电望远镜的新模式。

FAST 的接收面积约 30 个足球场大小，与号称"地面最大的机器"的

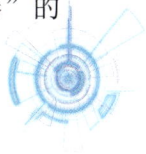

德国埃菲尔斯伯格望远镜（100m 口径）相比，灵敏度提高了约 10 倍。FAST 作为一个多学科基础研究平台，在中性氢、脉冲星、分子谱线、甚长基线干涉测量（Very Long Baseline Interferometry，VLBI）、地外文明探索（Search for Extraterrestrial Intelligence，SETI）等领域发挥了重要作用。同时，FAST 在国家重大需求方面也有重要的应用价值，如深空探测、脉冲星时间频率标准、非相干散射雷达、空间天气预报等。

FAST 的研究和建造过程涉及众多高科技领域，如天线制造、高精度定位与测量、高品质无线电接收机、超宽带信息传输、海量数据存储与处理等。本书主要概述 FAST 电子电气系统的研制和建设情况，包括接收机研制及性能测试、电磁兼容研究及实现、电气系统设计及实施等。全书共 6 章，各章主要内容如下。

第 1 章概述 FAST 电子电气系统的主要构成和功能；第 2、3 章介绍 FAST 7 套接收机的主要构成、性能指标、关键技术及研制过程；第 4 章介绍 FAST 的电磁兼容指标、各分系统的电磁兼容设计及实施、各部件的电磁辐射特性及屏蔽效能测试、电磁波环境监测及保护等；第 5 章介绍 FAST 供电系统设计及施工、综合布线系统设计及施工、各分系统电气设备的主要构成及功能、防雷系统设计及实施等；第 6 章展望 FAST 电子电气系统未来的技术发展和升级工作。

本书由中国科学院国家天文台 FAST 运行和发展中心电子与电气工程部的主要科研及技术人员共同编写，甘恒谦负责全书内容的规划和审定，张海燕负责电磁兼容部分的撰写，张志伟负责电气系统部分的撰写，刘鸿飞负责接收机前端部分的撰写，朱岩负责接收机数字终端部分的撰写。在编写本书的过程中，作者得到了人民邮电出版社杨凌、郭家、邓昱洲诸位编辑的大力支持，以及 FAST 运行和发展中心档案主管刘娜的帮助与支持，在此一并表示感谢。

作者

2024 年 8 月于北京

目　录

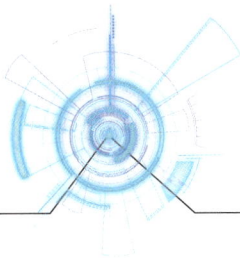

第1章 FAST 电子电气系统概述

　　FAST 作为当前世界第一大单口径射电望远镜，开创了以极低成本建造大型射电天文观测设备的新模式。FAST 利用我国贵州省南部发育成熟的喀斯特洼坑作为望远镜台址，建造口径为 500m 的球冠状主动反射面望远镜。传统望远镜的反射面为抛物面，可将入射电磁波汇聚到安装于焦点处的馈源上；而球面反射面只能将入射电磁波汇聚成一段焦线，需要建造复杂且笨重的线馈源与球面匹配使用，这严重限制了望远镜的工作频段和整体性能。

　　为克服这一困难，FAST 团队创造性地提出通过精确控制反射面单元的位置，将球冠状主动反射面变形为以观测方向为主轴、口径为 300m 的瞬时抛物面，与传统射电望远镜一样，馈源舱内的接收机被安装在焦点处。为实现反射面的主动变形，FAST 主反射面由数千块三角形面板组成，可通过安装在地面的促动器的下拉索拖动改变面板位置。

　　在主动反射面变形成抛物面的同时，馈源需要精确出现在抛物面的焦点处。FAST 的焦比 f/D 约为 0.4621，即馈源与反射面的最近距离约为 140m。考虑到接收机与反射面间的空间跨度，不可能建造如传统射电望远镜馈源舱支架那样的刚性连接支撑和定位接收机，而是建造了 FAST 馈源舱光机电一体化的索牵引轻型馈源支撑平台，加上馈源舱内的二次调整装置，实现接收机的空间精确定位。

　　采用多种测量方法相融合的精确位置测量技术与相应的控制技术，将主动反射面和馈源舱这两套独立系统合二为一，以实现望远镜的精确指向和实时跟踪。FAST 在馈源舱内配置先进的高品质多波束接收机，收集反射面汇聚的宇宙无线电波，将电波通过宽带光纤传输到终端设备，分析获得天体物理信息。

FAST 反射面的变形和馈源舱的精确定位由 FAST 电气系统提供电力和数据通信链路。FAST 电气系统包括 FAST 供电系统、综合布线系统及 FAST 防雷系统。供电系统为整个望远镜的电气设备提供电力。FAST 共配置变电站 8 座，其中 35kV 变电站一座（0# 变电站）、10kV 变电站 7 座（1# ～ 7# 变电站）。0# 变电站内安装了一台 35kV/10kV 箱式变压器；1# ～ 6# 变电站内各安装了一台 10kV/400V 箱式变压器，为 FAST 电气设备供电，变电站位于 6 座馈源支撑塔下；7# 变电站内安装了一台 10kV/400V 箱式变压器，为 FAST 综合楼供电。

为实现 FAST 反射面的 2225 台促动器及馈源舱位置的精确测控，FAST 建设了综合布线系统，实现总控室与电气设备及测量设备的实时通信。FAST 地处贵州省南部山区，海拔约为 1000m，年平均雷暴日约 86 天，防雷系统可有效防止 FAST 被雷击。

FAST 接收机系统（即 FAST 电子系统）包括 7 套接收机。每套接收机由馈源及极化器、制冷杜瓦（仅制冷接收机）、射频电路、光纤传输线路、数字终端等组成。此外，接收机系统还包括时间频率标准、接收机工作状态监视和故障诊断电路、不间断电源（Uninterruptible Power Supply，UPS）。接收机系统的功能是完成对主反射面汇聚的电磁波的接收、低噪声放大、频段选择，并将信号传输至地面观测室，然后进行相应的数据处理和存储等。

射电天文观测的目标是宇宙深空中遥远的天体。天体辐射的信号极其微弱，因此射电望远镜接收机极为灵敏。射电天文观测易受到人类活动产生的主动和被动发射的电磁信号的干扰。主动发射的电磁信号包括因工作需要产生的通信信号、遥感信号和导航信号等。被动发射的电磁信号包括电气设备（如电机、计算机、数码相机等）工作时发射的信号。

无论是主动发射的信号还是被动发射的信号，都有可能被射电望远镜接收机接收而干扰天文观测。根据干扰信号的强度，其影响可分为三个层次：干扰信号较弱，其强度小于接收到的天文信号，这一类干扰信号使接收机系统噪声变大，影响天文观测的信噪比；干扰信号强度较大，强度大于或等于天文信号，使天文信号淹没在噪声里，无法进行正常天文观测；干扰信号强度极大，使接收机电子部件出现异常和损坏。

所以，射电天文观测要求台址的环境背景电磁信号及干扰功率尽可能小。为保护 FAST 台址的电磁波环境，专门设立了电磁波宁静区（Radio Quiet Zone，RQZ）。设立 RQZ 的主要目的是减少常规强干扰源、控制小功率干扰源、防止噪声背景恶化、预防偶发干扰、保护电磁波环境。在建造 FAST 的过程中，在最大限度减小外部干扰的基础上，对安装到 FAST 上的所有电气设备都采取了相应的措施，使这些电气设备主动发射的信号和被动发射的信号都得到妥善的处理。主要的措施包括安装设备前对设备进行电磁辐射检测和评估、做必要的屏蔽以及定期进行设备及屏蔽的电磁兼容测试。

FAST 台址的电磁波环境的历次监测、测试结果，以及获得的科学成果表明：FAST 台址的电磁波环境条件优良且保持较好，保障了 FAST 的安全运行，最大限度地减小了 FAST 自身电气设备干扰辐射对天文观测的影响。电磁波环境监测及电气设备的电磁检测工作是保持 FAST 良好电磁波环境的基础，是科学产出必不可少的重要保障。

综上，FAST 电子电气系统包括供电系统及综合布线系统、接收机系统、电磁兼容系统和整体防雷系统等。本书主要包括三部分内容：接收机研制及性能测试、电磁兼容研究及实现、电气系统设计及实施。第一部分汇总描述 FAST 7 套接收机的主要构成、性能指标、关键技术及研制过程，包括初步设计、详细设计、部件加工、组装测试、安装调试等；第二部分主要介绍 FAST 的电磁兼容指标、各分系统的电磁兼容设计及实施、各部件的电磁辐

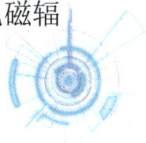

射特性及屏蔽效能测试、电磁波环境监测及保护等；第三部分，即电气部分的主要内容，包含 FAST 供电系统设计及施工、综合布线系统设计及施工、各分系统电气设备的主要构成及功能、防雷系统设计及实施等。

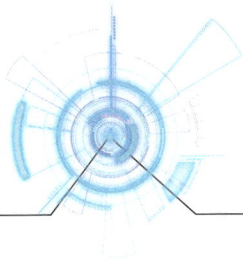

第 2 章　FAST 接收机

射电天文学是天文学的一个分支，以无线电接收技术为观测手段，观测天体射电辐射的无线电波。1933 年，贝尔实验室无线电工程师卡尔·央斯基发现了来自银河系中心的无线电辐射，标志着射电天文学的诞生。对于历史悠久的天文学而言，射电天文学使用一种新的观测频带，开拓了全新的天文研究领域。

射电望远镜是进行射电天文研究必不可少的观测设备，用于测量天体射电辐射（或吸收）的强度、相位和偏振状态随时间、空间、频率的变化关系。射电望远镜以电磁学为理论基础，并结合光的衍射理论和无线电天线理论。为适应射电天文观测的需求，逐步发展出射电天文领域的理论、技术与方法。射电望远镜及观测技术的每一次长足进步，总是能极大地促进射电天文研究的发展，并树立一个新的里程碑。

射电望远镜（见图 2.1）一般由天线系统、接收机系统、数据处理及记录系统等组成。天线系统收集天体射电辐射的无线电波，把它汇聚到接收机系统的输入端；接收机系统将汇聚的无线电信号放大、处理加工后，由数据处理及记录系统进行符合天文学研究需要的处理和存储。

射电天文测量覆盖的频段为 3MHz ～ 300GHz（对应的波长为 100m ～ 1mm），被称为大气射电窗口。这个窗口的低频极限由电离层的反射和吸收决定，而高频极限由大气中的水汽、氧气、臭氧的吸收决定。可见光不能穿透云层，因此光学天文观测不能在阴天进行。但云层并不会阻碍无线电波的传播，所以阴雨天并不影响射电天文观测。不过，水汽对毫米波（波长为 $1 \sim 10mm$ 的电磁波）有显著的吸收作用，因此毫米波望远镜普遍建造在水汽稀少的高海拔地区。

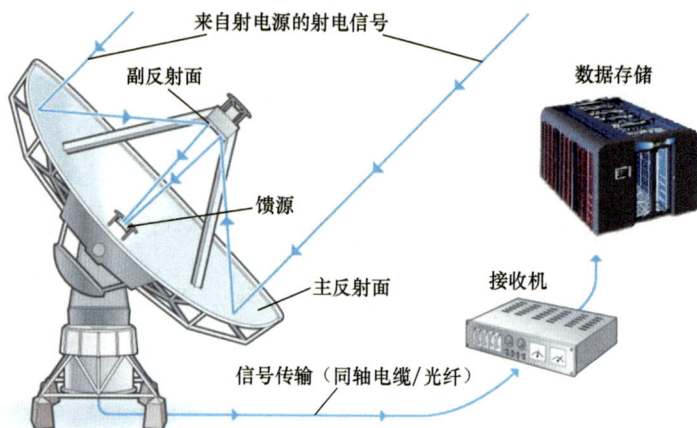

图 2.1　射电望远镜构成

雷达、地面通信、广播电视、卫星遥感和航空航天等领域使用的频段，同样在大气射电窗口的范围内。无线电业务中发射的射电波通常功率很大，这给射电天文观测造成了严重的干扰。国际电信联盟（International Telecommunication Union，ITU）通过国际协调，划分了各类无线电业务使用的频段，也为射电天文学划出了一些频段，例如 $1400 \sim 1427MHz$ 频段对应中性氢谱线、$1660 \sim 1670MHz$ 频段对应羟基谱线等，以保证这些特殊的谱线和频段在观测中不受其他电磁波的干扰。

射电测量接收的噪声还包括来自环境的噪声和接收机自身的噪声。射电测量所检测的辐射信号功率非常小，例如 FAST 可在 1s 时间内检测到 1MHz 带宽内平均辐射到 $70\,000m^2$ 面积上、总功率约为 $10^{-19}W$ 的射电波，即射电波的功率密度约为 $10^{-29}W/(m^2 \cdot Hz)$。因此，可以说，射电望远镜是人类制造出的最灵敏的设备之一。

| 2.1　FAST 接收机在望远镜中的作用 |

　　射电望远镜将从空间中截获的来自射电源的无线电辐射能量汇聚到馈源处，并通过馈源传输到接收机。由馈源传输到接收机的功率正比于射电源辐射流量密度，馈源输出的可用功率 p 可写作：

$$p = A \cdot S_m \tag{2.1}$$

式中，A 为射电望远镜有效面积，单位为 m^2；S_m 为射电源辐射流量密度，单位为 $W/(m^2 \cdot Hz)$。

　　射电望远镜的有效面积是射电望远镜的关键指标，它代表望远镜在相应频率上接收来自给定方向射电源的辐射，并把接收到的功率传输到馈源输出端的能力。

　　射电源辐射流量密度 S_m 表示射电源在单位面积、单位频率间隔内辐射的功率。通常用央（Jy）作为射电源辐射流量密度单位。

$$1Jy = 10^{-26} W/(m^2 \cdot Hz) \tag{2.2}$$

$$1mJy = 10^{-3} Jy \tag{2.3}$$

　　由于射电天文测量的功率很小，为表示方便，常用天线噪声温度代替信号功率。设想在接收机的输入端连接一个匹配电阻，代替馈源。在某一温度 T_a 时，若匹配电阻输出的热噪声功率等于望远镜及馈源输出的功率 P，则此温度 T_a 称为天线噪声温度。

$$P = k \cdot T_a \tag{2.4}$$

式中，k 为玻尔兹曼常数，约为 $1.38 \times 10^{-23} J/K$。射电天文学中常用温度表示射电源亮度、望远镜和接收机噪声功率等，它是信号功率的简化表示，并不是射电源、望远镜或接收机的实际温度。

　　射电望远镜最主要的两个性能指标是灵敏度和分辨率。射电望远镜的灵敏度 S_{min} 是对所能测到的最弱的射电源的一种度量，可表示为：

$$S_{min} = \frac{S}{N} \frac{kT_{sys}}{A} \frac{1}{\sqrt{B \cdot \tau}} \tag{2.5}$$

式中，S/N为观测要求的信噪比，天文观测中一般取$1 \sim 6$，无量纲；T_{sys}为望远镜系统噪声温度，单位为K；B为观测带宽，单位为Hz；τ为观测积分时间，单位为s。

射电望远镜的灵敏度越小，说明望远镜检测暗弱射电源的能力越强，望远镜越灵敏。根据式（2.5），提高射电望远镜灵敏度的方法有减小系统噪声温度、增加有效面积、增加观测带宽和增加积分时间。对于谱线观测，观测带宽是由信号的带宽决定的，而不是接收机的带宽；而对于某些快速时变源，增加积分时间反而会使灵敏度降低。由此可见，增加有效面积及减小系统噪声温度是最有效的获取高灵敏度的方法。因此，射电天文学常用有效面积与系统噪声温度的比值作为射电望远镜灵敏度的衡量指标。

射电望远镜的分辨率可衡量望远镜分辨空间中两个邻近的射电源的能力，分辨率越小则说明望远镜分辨邻近射电源的能力越强。射电望远镜的分辨率与望远镜的口径成反比，与工作波长成正比。通常用望远镜方向图半功率宽度来定义望远镜的分辨率。

一台性能优良的射电望远镜，需要搭配高性能的接收机系统才能使其获得最佳的观测效果。接收机的性能会对射电望远镜的多个指标产生影响，特别是两个最重要的指标——灵敏度和分辨率。射电望远镜的系统噪声温度包括天线噪声温度和接收机噪声温度。天线噪声主要包括宇宙背景噪声、大气辐射噪声、地面噪声等非可控因素。而接收机噪声温度在很大程度上决定了射电望远镜的系统噪声温度，也对望远镜的灵敏度有较大的影响。根据天线辐射理论，望远镜的远场方向图是其口径照明分布的傅里叶变换，所以馈源的照明函数直接影响望远镜的分辨率。

FAST由主动反射面系统、馈源支撑系统、测量与控制系统、接收机系统、终端系统组成。将射电源辐射的电磁波汇聚到馈源的过程由主动反射面系统、馈源支撑系统、测量与控制系统共同实现。而接收机系统的主要功能是按照科学观测的需要将反射面汇聚的电磁波进行处理得到射电源观测数据并存储。接收机系统是 FAST 的核心部件，其性能指标直接关系望远镜的整体性能。通过优化馈源的照明函数、反射系数、插入损耗，以及接收机噪声温度，可以提高望远镜的灵敏度。

馈源的功能是收集经主反射面汇聚的电磁波，并把在空间中传播的电磁波转换为同轴线内的电压信号。平面波经抛物面反射后变成球面波，因此馈源喇叭接收的是球面波，即波前同相点在同一球面内，该球的球心称为馈源的相位中心。馈源照明方向图应与反射面口径相匹配，尽可能减少照明溢出，并在反射面范围内尽量均匀分布。馈源输出的电压信号经接收机系统放大、滤波等处理后，转换为光信号，再由光纤传输至地面观测室后恢复为电信号，此处信号及之前的电路中的信号均为模拟信号。

在观测室内，光电转换模块输出的电信号经再次滤波、变频后调整至合适的功率范围后，被送到模数转换器（Analog-to-Digital Converter，ADC）变成数字信号。根据不同科学观测的需求处理数字信号后，再按一定的格式存储，供天文学家做进一步的处理以得到需要的信息。

在 FAST 调试期间，接收机系统是调试、测试望远镜性能的有力工具。在望远镜联调中可用接收机的输出信号检验主反射面面型调整精度、馈源定位误差、望远镜指向精度，以及测量望远镜主波束方向图、系统噪声、有效面积和灵敏度等。

| 2.2　FAST 接收机总体介绍 |

FAST 的工作频率覆盖 70MHz ～ 3GHz（见表 2.1），跨越了 5.5 个倍频程。在目前的技术条件下，接收机系统特别是馈源只能在有限带宽内保持良好的性能，因此 FAST 装配有 7 套接收机以实现望远镜工作频率的连续覆盖。

表 2.1　FAST 7 套接收机的工作频段

接收机序号	工作频段（GHz）	偏振	波束数目	系统噪声温度（K）
B01	0.07 ～ 0.14	双线	1	约 1000
B02	0.14 ～ 0.28	双线	1	约 400
B03	0.27 ～ 1.62	双线 / 圆	1	约 120
B04	0.56 ～ 1.02	双线	1	60
B05	1.2 ～ 1.8	双线	1	25
B06	1.05 ～ 1.45	双线	19	25
B07	2.0 ～ 3.0	双线	1	25

馈源及极化器、射频电路等安装于 FAST 馈源舱内，常被称作接收机前端，主要进行反射面汇聚的电磁波的转换、极化分离、放大和滤波等处理。被放大的信号调制为光信号，由光纤传输到观测室，传输距离约为 3km；再经光电转换还原为电信号，输入数字终端。FAST 配置有多种类型的数字终端：中性氢谱线终端、脉冲星终端、分子谱线终端、甚长基线干涉测量（Very Long Baseline Interferometry，VLBI）终端、地外文明探索（Search for Extraterrestrial Intelligence，SETI）终端和时域数字终端等。

望远镜系统噪声是影响天文观测信噪比最直接的指标，主要包括两部分：天线噪声和接收机噪声。天线噪声即望远镜天线部分引入的噪声，为人力不可控因素。因此，减小望远镜系统噪声的主要方法是减小接收机噪声。FAST 工作在低频段，望远镜系统噪声主要由天线噪声决定，接收机噪声在系统噪声中的占比极小。即使采用制冷的方式，将接收机噪声温度从 60K 降到 20K，对于系统噪声的影响也极其微弱，但同样的方法在高频段下则可使接收机实现性能的成倍提升。因此，射电望远镜观测低频段通常在常温下进行，而观测高频段则在低温下进行。

制冷系统为接收机前端关键器件——低噪声放大器提供低温工作环境，使其噪声温度显著降低。接收机制冷系统通常采用氦气吉福德 – 麦克马洪制冷机（GM 制冷机）和真空杜瓦等来实现制冷，对于 560MHz 以上的频段，把前置放大器等关键器件制冷至 10 ～ 20K 来保证低噪声特性。另外，通过降低极化器等被动微波器件的物理温度，也可以减小器件损耗引起的噪声。

接收机工作状态监视和故障诊断系统，用于实时监视接收机的工作参数，如低噪声放大器的工作状态、制冷机工作状态、制冷杜瓦工作温度和真空度、接收机噪声温度等；并通过远程测试进行接收机故障诊断，以缩短馈源舱入港维护时间，提高望远镜使用效率。观测室的时间频率标准由全球定位系统（Global Positioning System，GPS）时钟和高稳定度的氢钟提供，以满足脉冲星、谱线和 VLBI 等观测所需的高稳定度频率要求。

2.2.1　FAST 科学目标与接收机频段

FAST 科学目标包括脉冲星、中性氢、VLBI、分子谱线、SETI、深空探测等，每个科学目标都有不同的观测频段。图 2.2 所示为不同频段的科学目标及其权重：FAST 的所有科学目标都需要在 L 波段以及频率更低的波段下进行观测，L ～ S 波段对于高精度脉冲星、羟基谱线、SETI 窗口"水洞"的观测是必不可少的。

S 波段对于射电天文连续谱、瞬变天文现象、国际 VLBI 联测以及更多的分子谱线观测和空间科学也是非常重要的。为研究国际天体物理学的前沿热点问题，如宇宙再电离时期（Epoch of Reionization，EoR）、暗能量、高红移天体等，FAST 的低频段边界设为 70MHz。这同时为 FAST 科学目标的重要组成部分——高红移中性氢探测提供可能。为了更好地发挥 FAST 的作用，其工作频率需要覆盖 70MHz ～ 3GHz。

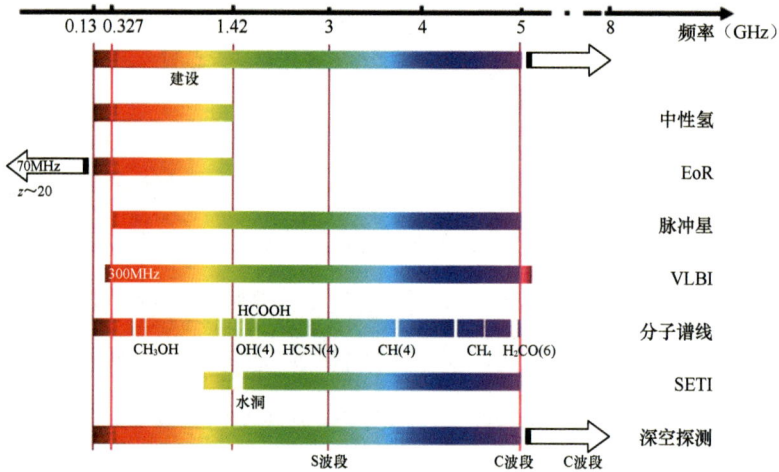

图2.2　不同频段的科学目标及其权重

　　FAST 接收机频段的划分方案首先需要覆盖所有的科学目标观测频率，其次需要尽最大可能提高 FAST 的观测效率。在保证各科学目标高质量观测完成的前提下，FAST 接收机的配置应尽可能地满足多科学目标同时观测的需求，使科学观测规划和接收机的选择有更多的灵活性。因此，FAST 配置了多频段、多波束的接收机系统，并针对 FAST 科学目标建设具有不同用途的终端设备。FAST 接收机及终端设备的配置同时考虑了接收机技术未来在宽频段、低噪声及相位阵等方面可能的发展，以及 FAST 在深空探测器通信、脉冲星计时及导航、非相干散射雷达、高分辨率微波巡视等领域的潜在应用前景。

　　表 2.2 中接收机方案的规划依据目前国际上现有的先进成熟技术。其中，1.05～1.45GHz 核心频段的多波束馈源方案设计参考了澳大利亚的帕克斯射电望远镜 64m 天线上使用的 13 波束系统，基于对 FAST 焦面场分布的研究，提出了 19 波束的方案。在不改变接收机整体布局的情况下，核心频段多波束馈源的频率覆盖范围和波束数目可进一步优化。尽管高频段边界设定为 3GHz，但 FAST 在 X 波段仍有可观的有效接收面积。配备 S/X 双频接收机，FAST 可参与 VLBI 测地观测。

表 2.2　FAST 7 套接收机的工作频段及其对应的科学目标

接收机序号	工作频段（GHz）	科学目标
B01	0.07 ~ 0.14	中性氢、脉冲星、VLBI、分子谱线
B02	0.14 ~ 0.28	中性氢、脉冲星、VLBI、分子谱线
B03	0.27 ~ 1.62	中性氢、脉冲星、VLBI、分子谱线、非相干散射雷达
B04	0.56 ~ 1.02	中性氢、脉冲星、VLBI、分子谱线、行星大气掩星研究
B05	1.2 ~ 1.8	脉冲星、VLBI、地外生命、中性氢、分子谱线
B06	1.05 ~ 1.45	中性氢及脉冲星巡天、瞬变天体
B07	2.0 ~ 3.0	脉冲星计时、深空通信、VLBI、地外生命

　　巨型望远镜的价值，不仅取决于它建成时的高技术性能指标，还取决于它能否随着科学技术的快速发展不断地更新与完善。这一过程往往是漫长的，最终可实现的极限性能以及所付出的全部成本取决于它的初始设计与建设是否为升级改造留有空间。例如，美国的阿雷西博射电望远镜在 1963 年投入运行初期，反射面精度约为 3cm，使用线馈源工作在 430MHz 频段；历经数次升级和改造发展，在基本结构没有重大调整的情况下，反射面精度可达 1.5mm，观测频率扩展至 10GHz，并装配有 L 波段的 7 波束接收机。

　　FAST 团队在多年的预研究中，一直把各项关键技术的未来发展放在重要的位置，以保证望远镜具有持久的科学寿命和国际前沿性。参与 FAST 国际评审的多数专家建议，希望 FAST 有可能升级至 8GHz 工作频段，即 FAST 表面均方根误差预估在 4mm 以下。因而，在 FAST 的设计与建设过程中，望远镜主体的钢结构、机电和土木工程（如主反射面的分块、索网、反射面单元、馈源一次支撑索系和二次精调平台等）对设计、制造及安装精度有较高的要求，保证 FAST 未来可以以最小的投资实现工作频段扩展至 C 波段、X 波段。FAST 未来的升级方向应聚焦结构的微调、电子技术、测量与控制技术、软件工程和其他一些迅速发展的高科技领域。

2.2.2　射电天文接收机的信号处理流程

　　射电望远镜接收的来自射电源辐射的电磁波均可看作平面波，然而射电源的辐射极其微弱。据估计，自射电天文学诞生以来，全世界所有射电望远镜接收的总能量，还不足以翻动一页书。如同凸透镜或凹面镜可以将光汇聚到焦点，射电天文学家也利用巨大的反射面将微弱的辐射汇聚到一起使其增强。完成这一任务的是射电望远镜的主反射面。馈源和接收机的主要作用是，接收主反射面汇聚在焦点处的电磁波，并将其转换为电压信号，再经过放大、混频等处理传至地面观测室的科学终端，供用户使用。

　　为了覆盖更多观测频率，射电望远镜通常都配备几套馈源及接收机。进行观测时，需要将相应频段的馈源移动至主反射面焦点，以接收电磁波。馈源高效地接收主反射面汇聚的电磁波，其照明函数的设计对望远镜的增益至关重要。对于一个圆形口径的望远镜，理想的照明函数是方向角正割函数的平方，并在口径外截止。实际的馈源照明方向图往往呈高斯分布，在方向图的设计中，在提高增益的同时应尽可能减小溢出损耗引起的噪声放大倍数。在 FAST 的馈源设计中，口径边缘的照明功率与中心相比下降约 13dB，以实现最优的灵敏度。

　　馈源接收到的信号经极化器分解为相互正交的两路偏振信号，这两路信号分别进入后续的低噪声放大器。低噪声放大器在引入尽量小的噪声和不失真的情况下将信号放大足够大的倍数，使信号在进入后级电路前尽可能保持最大信噪比。被放大的信号通过带通滤波器选择所需的频段，并滤除带外的干扰信号。滤波后的信号被其后的射频放大器进一步放大，以保证信号有足够大的功率以驱动电光转换模块。

　　FAST 采用光纤将宽带模拟射频信号从馈源舱传输到地面观测室。FAST 光纤传输系统包括激光光源、电光调制器和光接收器等主要光器件。

　　为消除光在传输过程中的色散效应，采用 1310nm 波长的无色散光作为光源，且采用具有单模振荡特性的分布式反馈（Distributed Feedback，DFB）激光器；同时，DFB 激光器的相对强度噪声（Relative Intensive Noise，RIN）优于 –155dB/Hz，可最大限度地降低光纤传输系统的噪声底值。电光调制器将射频电信号调制成光信号。该调制器采用技术成熟的马赫 – 曾德尔（Mach–Zehnder，MZ）铌酸锂强度调制器，利用铌酸锂晶体的泡克尔斯效应，通过改变中频电信号对晶体的折射率来改变光波相位，再利用激光束的相干性得到随射频电信号变化的光信号，实现电光转换。被调制的光信号经过光纤传输到达地面观测室，传输过程中的光损耗低于 0.2dB/km 且不受电磁干扰。观测室内的光接收器探测光信号，从光信号中解调出电信号，实现光电转换。

由光纤传输系统输出的信号，输入数字终端，完成信号的数字化、格式化后存储到数据中心。数字终端由数模转换器、数据处理单元、数据存储中心和时间频率标准等组成。数据处理单元针对不同的科学目标要求对数据进行相应的处理，以实现中性氢、脉冲星、分子谱线、VLBI、SETI 以及时域信号等的观测。

射电天文观测，尤其是 VLBI，需要极其精确的时钟。FAST 观测室的时间频率标准由 GPS 时钟和高稳定度的氢钟提供。GPS 时钟提供精度为 10ns 量级的时间信号，氢钟提供稳定度大约为 10^{-15} 的频率标准。接收机的校准信号频率、数字终端的采样时钟和触发信号等均锁相在时间频率标准提供的时间频率信号上。

2.2.3　射电天文中的数字信号处理

随着数字电路及数字信号处理技术的快速发展和广泛应用，射电天文接收机中也大量应用了数字电路。在射电天文接收机信号链路中，数字电路的比重不断扩大，并有逐渐向前端扩展的趋势。由于数字信号的处理、存储、传输都要比模拟信号更便捷、稳定、高效，现在，射电天文终端普

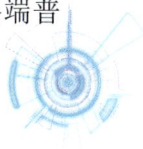

遍采用数字终端。

数字信号处理的第一步是将接收机前端输出的模拟信号转换为数字信号，即进行模数转换。模拟信号在时间和幅度上都是连续的，而数字信号在时间及幅度上都是离散的。模数转换过程主要包括三个步骤：抽样、量化和编码。抽样是指用相隔一定时间的信号样值序列来代替原来在时间上连续的信号，也就是在时间上将模拟信号离散化。量化是用有限个幅值来近似原来连续变化的幅值，把模拟信号的连续幅值变为有限个具有一定间隔的离散值。编码则是按照一定的规律，把量化后的值用二进制数字表示。

得到数字化的观测信号后，即可根据科学目标的观测要求对数据进行处理和存储。脉冲星终端的主要作用是，通过数字信号处理使观测数据适用于脉冲星的提取和未知脉冲星的搜寻。

脉冲星是高速旋转的中子星，周期性地发射宽带电磁波脉冲。第一颗脉冲星于 1967 年由射电天文观测发现，至今发现的脉冲星数量已达数千颗。在已知的脉冲星中，自转周期最短的约为 1.6ms，而自转较慢的脉冲星的自转周期约为 10s，个别脉冲星自转周期在千秒量级。脉冲星发出的脉冲在穿过星际空间到达地球的过程中，会受到星际间介质的影响产生色散效应。色散效应会导致脉冲星中高频的电磁波比低频的电磁波先到达地球。信号的色散量常用来推断信号源与地球的大致距离。

消除色散的影响是脉冲星观测的首要工作，目前主要有两种方法用于消色散处理：非相干消色散技术是一种计算量比较小的方法，缺点是时间分辨率较低，多用于搜寻脉冲星；相干消色散技术，计算量很大，但时间分辨率高，多用于脉冲星定时。

脉冲星非相干消色散数据处理过程指的是，通过在现场可编程门阵列（Field Programmable Gate Array，FPGA）上实现的多相滤波器组（Polyphase Filter Bank，PFB）将宽带信号分解为很多窄带通道（每通道约0.5MHz）信号，然后将每个通道信号的功率在 FPGA 中累加一段时间（约 100μs），再给每个通道加上不同延时后将信号功率相加并搜索脉冲信号。相干消色散数据处理过程则是将宽带信号进行傅里叶变换得到频域信号,将其与消色散函数相乘,得到消色散的频域数据,再进行傅里叶逆变换恢复得到时域信号,最后进行时域平均并搜索脉冲信号。

谱线终端主要用来处理中性氢和其他分子的射电天文谱线观测数据。射电天文谱线是由天体中原子或分子的电子在不同能级间跃迁时所产生的,是原子和分子的示踪信号,包含丰富的天体物理学信息。谱线观测是研究星际物质分布、星系结构以及恒星的形成和演化过程的重要手段。

谱线观测通常只关心特定频率上窄带内的频谱信息,因此数据量及计算量相比脉冲星观测的要小一些。谱线终端通过在 FPGA 上实现的 PFB 将宽带信号分解为窄带通道(通道数及通道宽度根据观测目标确定)信号,再将每个通道信号的功率累加一段时间得到平均频谱信息并传输到数据中心存储。

VLBI 终端按照其观测模式要求进行数据处理和记录。VLBI 是 20 世纪60 年代后期发展起来的射电干涉新技术,是一种重要的射电天文技术。它采用无线电干涉法,将多个相距数百千米乃至数千千米的基线两端的口径较小的射电望远镜,合成为巨大的综合孔径望远镜,其最大等效直径为望远镜之间的最长基线长度。VLBI 是目前角分辨率最高的天文观测技术,已能获得优于亚毫角秒量级的极高分辨率,该分辨率相当于在地球上能分辨出月球上类似篮球大小的区域,也能以毫米精度测量数千千米长度的基线。因此,它在天体物理、天体测量和天文地球动力学等领域得到广泛的应用。

VLBI 终端使用数字时域转换器将观测信号转换成 VLBI 数据,存储到硬盘阵列中。所有协同观测的望远镜的 VLBI 数据需要通过网络传输或硬盘复制的方式传输到 VLBI 数据处理中心进行处理。

SETI 计划致力于利用射电天文观测手段接收来自宇宙深处的电磁波,搜寻可能存在的地外文明。SETI 终端利用由 FPGA 构造的 PFB 将宽带信号分解成多个数据通道信号,在时域和频域上同时搜索有智能特征的信号。

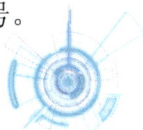

雷达天文学和深空探测等领域的应用观测需要记录时域数据。时域数据处理和记录终端主要用于处理和记录时域数据，有别于其他天文终端主要用于处理和记录频谱数据。时域数字终端中的数据处理算法较为简洁，将数字信号按照一定的格式直接存储，或进行数字滤波后存储。

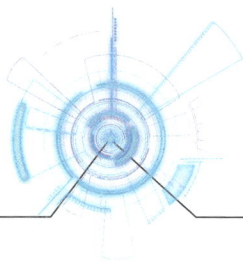

第3章 FAST 接收机研制及性能测试

  FAST 接收机系统主要包括两部分，分别是安装在馈源舱内的接收机前端和安装在观测室的数字终端，接收机前端与数字终端通过光纤相连。接收机前端由馈源及极化器、射频电路和数据传输线路等组成，数字终端由数模转换器、数据处理单元、数据存储中心和时间频率标准等组成。此外，为了保证接收机正常工作，还有其他辅助系统，如接收机制冷系统和接收机健康监测及诊断系统等。

  FAST 配置有针对不同科学目标的数字终端。多波束中性氢谱线终端和分子谱线终端以多相滤波的方式得到观测带宽内数据的能谱，从而进行谱线分析研究；脉冲星终端以多相滤波和色散延迟补偿的方式进行非相干消色散处理；VLBI 终端采用数字时域转换器和基于硬盘的数字终端；SETI 终端在 1GHz 带宽数据上以高于 1Hz 的频率分辨率进行频谱分析。计算机集群数字终端能够记录宽带信号，凭借强大的计算能力可灵活地进行任何数据分析，如可以对脉冲星观测数据或强时变信号进行相干消色散处理，从而以高时间分辨率恢复脉冲信号。另外，上述计算机集群实际上已经构成了一个超级计算机，可用来进行具有高计算量的数值模拟工作。

| 3.1　FAST 接收机组成及关键技术 |

3.1.1　馈源及极化器

在 FAST 接收机系统中，馈源是关键部件之一，是辐射波与导行波之间的转换器。馈源、极化器构成馈源系统，馈源系统的性能直接影响望远镜的性能。馈源接收指主反射面汇聚的辐射波完成辐射波与导行波的转换；极化器将接收的信号分解为正交的两路偏振分量。这两路信号分别进入后续的前置低噪声放大器。另外，在放大器之前需要加入校准单元，以对接收机射频电路总增益进行校准。

FAST 的主反射面瞬时抛物面口径为 300m，焦比为 0.4621，采用主焦照明方式。接收机工作频率覆盖 70MHz ～ 3GHz，共包括 7 套分立系统，馈源及极化器的主要性能指标见表 3.1。

表 3.1　馈源及极化器的主要性能指标

指标名	指标值						
	B01	B02	B03	B04	B05	B06	B07
工作频段 （MHz）	70 ～ 140	140 ～ 280	270 ～ 1620	560 ～ 1020	1200 ～ 1800	1050 ～ 1450	2000 ～ 3000
偏振	双线	双线	双线 / 圆	双线	双线	双线	双线
输出阻抗（Ω）	50	50	50	50	50	50	50
电压驻波比	<2	<2	<2	<2	≤1.3	≤1.3	≤1.3
边缘照明 （dB）	−13	−13	−13	−13	−13	−13	−13
交叉偏振	优于 −20dB	优于 −20dB	优于 −20dB	优于 −30dB	优于 −30dB	优于 −30dB	优于 −25dB
馈源数目	1	1	1	1	1	19	1

主反射面汇聚的电磁波首先进入馈源及极化器，将自由空间中传播的电磁波转换为同轴电缆中的电信号。馈源和极化器是用于接收并处理射电信号的重要组件。馈源是将反射面和接收机之间的信号传输并连接起来的

设备，其作用是将天线接收到的信号传输到接收机内部；极化器则用于偏振分离，并以特定的极化方式将信号传输到接收机射频电路。

　　馈源有多种类型，FAST 使用的馈源主要有喇叭馈源、四脊喇叭馈源、振子馈源等，如图 3.1 所示。不同类型的馈源都有其特定的应用场合，可根据使用方式、工作频段及设备要求等因素来决定馈源类型。喇叭馈源通常需要搭配正交模变换器（Orthomode Transducer，OMT）使用。OMT 是射电望远镜接收机中常见的极化器类型之一。它可以将天线接收到的不同偏振方向的信号分离并转换成正交偏振的两路信号输出。振子馈源和四脊喇叭馈源因为自带极化分离方式，因此不需要借助其他极化器。

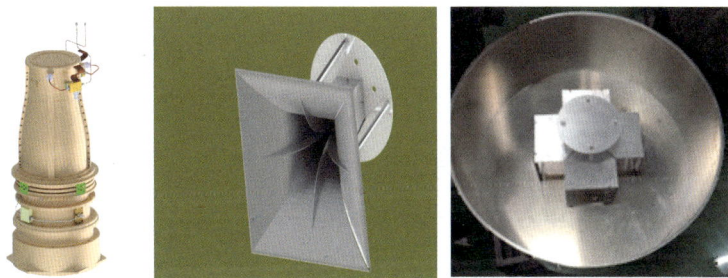

图 3.1　喇叭馈源、四脊喇叭馈源和振子馈源

　　馈源和极化器位于射电望远镜馈源舱，完成电磁波的接收和正交偏振两路信号的分离任务，其性能直接影响望远镜的性能。馈源和极化器是反射面天线的一个重要组成部分，需要对反射面形成尽可能均匀的照明，以获得更大的有效面积，同时要求经反射面边缘外溢的功率尽量小。

　　FAST 的口径为 300m，焦比为 0.4621，因此要求馈源的照明半张角约为 56°。这要求馈源的相位方向图的主瓣宽度适当，不宜过宽或过窄，反射面边缘场强一般为轴向场强的 1/4 ～ 1/3。

　　馈源的相位方向图应为一个球面，这个球面的中心被称为相位中心，并且相位中心需要在其工作频率范围内保持稳定，工作时，馈源的相位中心与反射面的焦点重合。此外，馈源和极化器的阻抗要与后级的接收机射

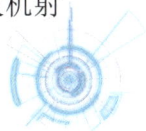

频电路阻抗相匹配，能在给定的频段内保持优良的性能，可将接收到的信号最大限度地传输到接收机射频电路。

3.1.2　低噪声放大器及射频电路

馈源和极化器输出的两路信号分别进入后续的前置低噪声放大器。低噪声放大器在引入尽量小的噪声和不失真的情况下将信号放大，使低噪声放大器之后的电路引入的噪声在整体系统噪声中的占比基本可以被忽略。前置低噪声放大器输出的信号被进一步放大，并与频率相似的中频信号混频。

在 500MHz 以下频段，天空背景噪声迅速增大，望远镜系统噪声温度基本由天空背景亮温度决定。因此，在 500MHz 以下频段，系统对接收机噪声的要求不高，使用常温接收机即可。在高于 500MHz 的频段，天空背景亮温度降低到 10K 以下（见图 3.2），系统噪声温度中接收机噪声温度所占的比重加大，需要尽量降低接收机噪声温度水平。通过把前置低噪声放大器等关键器件冷却到 10 ～ 20K，将接收机噪声温度控制在 10K 以下，从而保证系统的低噪声特性，FAST 7 套接收机的增益及噪声温度设计指标见表 3.2。

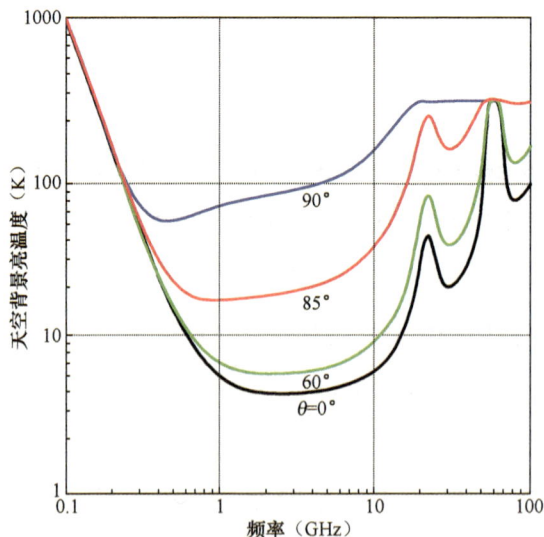

图 3.2　不同仰角情况下天空背景亮温度随频率变化的趋势

表 3.2　FAST 7 套接收机的增益及噪声温度设计指标

接收机序号	工作频段（MHz）	增益（dB）	噪声温度（K）
B01	70～140	71	<100
B02	140～280	72	<80
B03	270～1620	73	<40
B04	560～1020	75	<10
B05	1200～1800	78	<10
B06	1050～1450	80	<10
B07	2000～3000	75	<10

接收机射频电路的输出信号是光电传输模块的输入信号，射频电路的输出需要依据电光调制器需求调整信号强度，并根据各套接收机带宽和系统噪声温度等参数确定各频段接收机所需要的增益。在射频信号的光纤传输方案中，使用的电光调制器要求信号电压范围为 20～30dBmV。在 50Ω 阻抗系统中，对于电压为 20～30dBmV 的信号，对应的信号功率为 –27～ –17dBm。我们取功率值为 –20dBm。

馈源接收的信号强度与望远镜系统噪声温度和带宽的乘积成正比。馈源接收的信号功率 P 可用式（3.1）表示：

$$P = k \cdot T_{sys} \cdot B \qquad (3.1)$$

式中，k 为玻尔兹曼常数，T_{sys} 为望远镜系统噪声温度，B 为带宽。

以 B06 接收机为例，$T_{sys}=25K$，$B=400MHz$，则馈源接收的信号功率为 $1.035 \times 10^{-10}mW$，约为 –100dBm。而电光调制器需要的信号功率为 –20dBm，所以 B06 接收机需要把馈源接收的信号放大 10^8 倍。

低噪声接收机采用前置低噪声放大器（Low Noise Amplifier，LNA）对馈源和极化器输出的信号进行放大，其特点是本身噪声小，放大信号的同时，不会引入太大的额外噪声。性能良好的低噪声放大器是控制系统噪声温度的关键。

对于各频段采用的前置低噪声放大器的方案，除 1GHz 以下的频段，

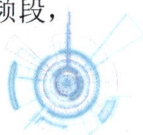

前置低噪声放大器均采用高电子迁移率晶体管。对于 500MHz 以上频段，把放大器等关键器件冷却到 10 ～ 20K，将接收机噪声温度控制在 10K 以下，从而保证系统的低噪声特性。

采用隔离器改善电路各级间的阻抗匹配。采用射频滤波器选择需要的频段。利用射频放大器对信号进行进一步放大。利用混频器将射频信号通过下变频或上变频转换为中频信号。混频采用的本地振荡器的外参考信号源来自高稳定度的氢钟。采用中频滤波器滤除混频器输出的不需要的频率分量，并利用中频放大器对中频信号进一步放大，使信号电平满足电光转换器的需求。

望远镜的系统噪声温度等于天线噪声温度与接收机噪声温度之和，其中天线噪声温度包括天空背景亮温度、地面辐射温度、大气辐射温度等不可控因素。接收机是一个多级放大的系统，以图 3.3 所示的三级放大的低噪声接收机为例，噪声温度可用式（3.2）计算：

$$T_{\text{rec}} = T_1 + \frac{T_2}{G_1} + \frac{T_3}{G_1 \cdot G_2} \qquad (3.2)$$

式中，$T_i (i=1, 2, 3)$ 为第 i 级低噪声放大器的噪声温度，G_i 为第 i 级低噪声放大器的增益。第一级低噪声放大器的增益一般在 30dB 左右，即放大 1000 倍。低噪声放大器之后的电路对系统噪声温度的贡献基本可以忽略。因此，接收机噪声温度主要由第一级低噪声放大器的噪声温度决定。

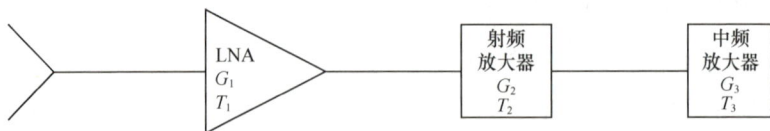

图 3.3　一个三级放大的低噪声接收机

3.1.3　FAST 天文信号光纤传输系统

FAST 天文信号光纤传输系统的基本功能是将馈源舱内接收机接收到的

天文信号稳定地传输到 3km 之外的地面观测室，天文信号光纤传输采用光纤射频（Radio Freguency over Fiber，RFoF）方式实现。与同轴电缆传输相比，光纤传输有以下两点重要优势：一是对于 FAST 射频信号的传输带宽和距离（约 3km）而言，同轴电缆传输会造成极大的信号衰减，而且衰减是随信号频率的增高而增大的，使用光纤传输将会避免这些问题；二是 FAST 有 50 个独立的信号通道（38 个多波束通道和 12 个单波束通道），如此多的高质量同轴电缆的横截面积很大，同时将对馈源舱产生较大的拖拽力。而同等数目的光纤将会更加柔韧，且占据更小的空间。另外，光纤传输基本不受环境电磁干扰的影响。

FAST 天文信号光纤传输系统共有 54 个光纤传输通道，各通道的主要器件包括激光器、光隔离器、电光调制器、探测器、光缆、驱动器等。下面列出较为典型的第 54 个光纤传输通道的器件指标，该通道对应 B07 接收机。

用于信号发射的激光器选用 DFB 激光器，其输出光功率约为 10mW，波长为 1550nm，等效噪声强度高于 –155dB/Hz，光谱宽度大于 1nm，边模抑制比大于 35dB。激光器的主要作用是发出高稳定激光，其可以作为光载波并用于传输射频信号，激光器模块如图 3.4 所示。

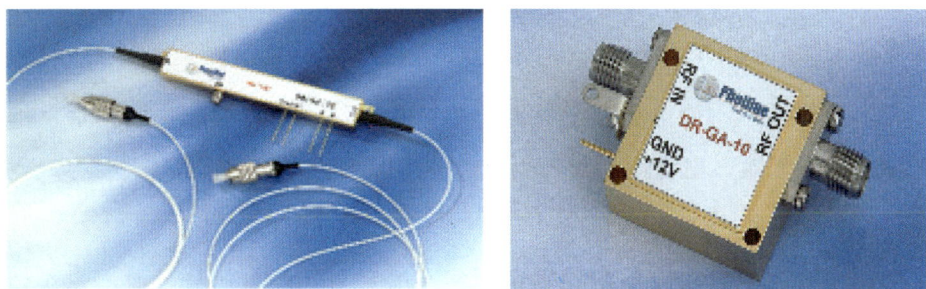

图 3.4　激光器模块

电光调制器选用 MZ 型铌酸锂强度调制器（见图 3.5），其光回波损耗大于 45dB，插入损耗大于 5dB，工作频段为 70 ～ 1070MHz，幅度平坦度参数小于 1dB，电学反射损耗优于 –18dB。电光调制器负责接收激光器发

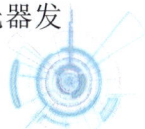

出的激光，并将射频信号调制到光信号上。为了减少光系统间的激光反射，需在激光器和电光调制器间加入光隔离器。在信号输入电光调制器前，需要对射频信号进行强度调整以驱动电光调制器。光纤传输要求信号驱动器的可调增益幅度大于 6dB，噪声系数大于 6.5dB，工作频段为 70 ~ 1070MHz，带内波动小于 1.5dB。

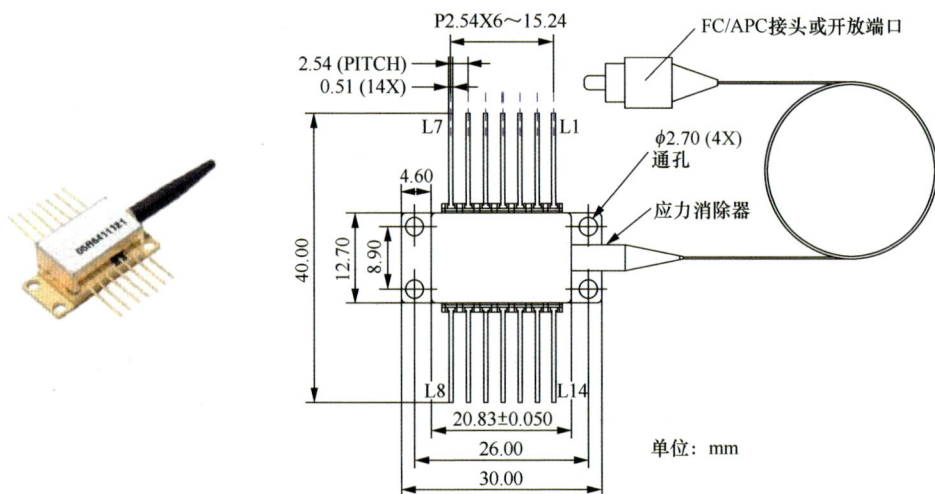

图 3.5　铌酸锂强度调制器模块及驱动器模块

光纤传输系统的探测器选用固定跨阻混合集成电路 InGaAs 探测器，其灵敏度优于 –20dBm，光反射损耗大于 45dB，带内平坦度小于 1.5dB，工作频段为 70 ~ 1070MHz。

光纤传输系统测试包括器件性能测试和系统整体性能测试。器件性能测试包括激光器、电光调制器、驱动器、光探测器等的测试。

（1）激光器

为使直流激光器能长期稳定地工作，需要对其阈值进行准确测量。按照图 3.6 所示的测试方法，将通过直流激光器的电流和光探测器接收到的直流光强送入 XY 记录仪，电流作为横坐标，光致电压作为纵坐标。

电流从零开始缓慢增大，当电流增大到阈值电流时，激光器被激励，光致电压开始线性上升，将激光器的工作电流维持在一倍阈值和二倍阈值之间。在此区间，激光器可长期稳定地工作。

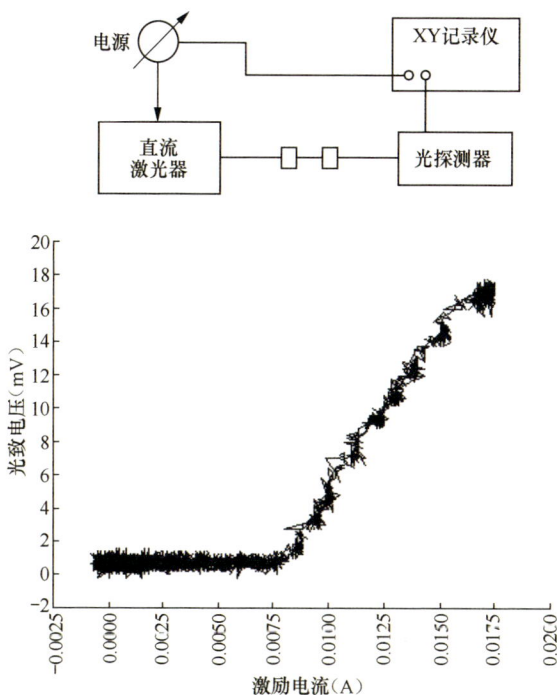

图 3.6　激光器阈值测试方法示意及测试曲线

另外，需要利用光功率计测量激光器输出的光功率，从而保障能补偿整个链路中各器件的光损耗。

（2）电光调制器

验证电光调制器的转换特性是为保证其能工作在线性偏置点上，从而保证电光转化满足线性条件。线性偏置点设置不正确会导致输出信号呈现非线性，进而使得信噪比的测量出现较大的误差，需要的仪器还包括光源、直流电源和光功率计。图 3.7 所示为电光调制器转换特性测试方法。

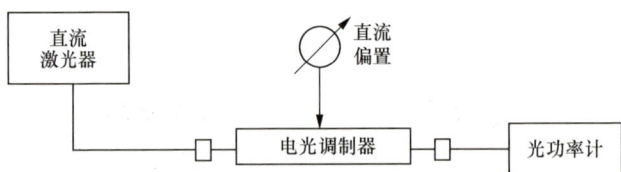

图 3.7　电光调制器转换特性测试方法示意

（3）驱动器

驱动器性能将影响电信号增益、信噪比及线性度，需要测试驱动器增益、噪声系数、反射损耗及传输损耗等指标，所需仪器包括信号发生器、噪声系数测试仪和网络分析仪等。

（4）光探测器

为保障光探测器对传输光波有足够的响应灵敏度，需要测试其暗电流和响应谱，所需仪器包括示波器和光谱仪等。

光纤传输系统整体性能测试项目包括系统增益、信噪比、相位稳定度、强度稳定度和高功率信号线性度。相位稳定度、强度稳定度及高功率信号线性度测试是为了保证中频信号通过光纤传输系统后在允许的范围内失真，从而保障后续信号处理的可靠性，所需仪器包括网络分析仪、频谱仪和控制计算机等。系统增益和信噪比测试需要的仪器包括光源、信号发生器、频谱仪等。图 3.8 所示为系统增益和信噪比测试及相位稳定度和强度稳定度测试方法。

图 3.8　系统增益和信噪比测试及相位稳定度和强度稳定度测试方法示意

FAST 不同于传统的主焦望远镜，馈源舱在跟踪观测过程中以约 11.6mm/s 的速度运动，此时光缆也将随之不断伸展、弯折。针对这一特殊工况，为确保光纤传输稳定性，工程中采取了以下优化方案：为消除信道互耦，采用

"单芯承载单通道"的系统基本架构。光纤传输方案如图 3.9 所示。

在传输机制上，采用光载波低色散、单模及光强直接调制的传输方案，以减小光缆运动工况下色散对稳定性的影响；在系统收发两端对光电器件进行优选，采用了分布反馈式激光器、偏振非敏感光探测器、斜面物理接触（Angled Physical Contact，APC）光适配器以及光隔离器，以减小光缆运动工况下光强及其反射效应对稳定性的影响。此外，对于传输介质——光缆，研制了具备大芯数、高稳定性、弯曲可动的光缆。FAST 工程为实现光缆运动工况设计了舱索缆线入舱方案，如图 3.10 所示。

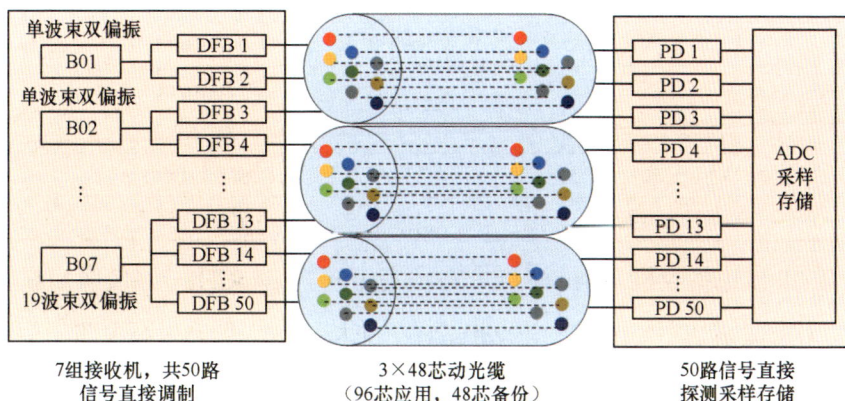

注：PD 为 Photo–Diode，光电二极管。

图 3.9　FAST 天文信号光纤传输方案

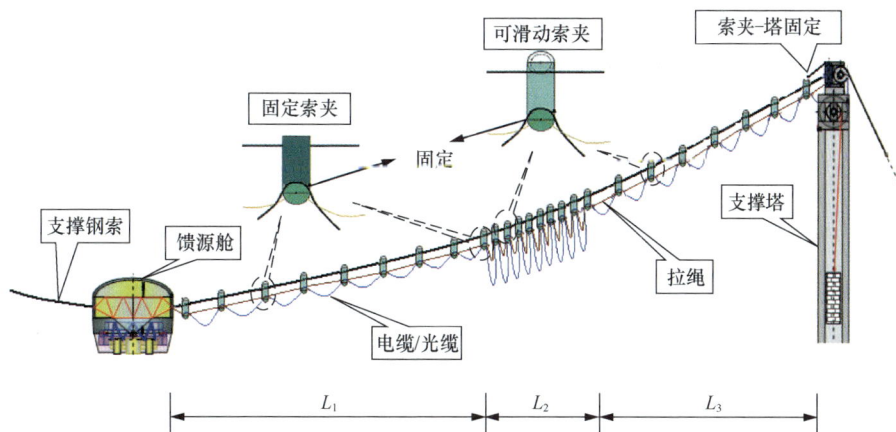

图 3.10　FAST 舱索缆线入舱方案

FAST 采用模拟光收发器传输射频信号，激光器为分布反馈式激光器，调制方式为直接调制，光纤传输系统的主要性能指标见表 3.3。

表 3.3 光纤传输系统的主要性能指标

指标名	指标值
工作频段	10 ~ 2200MHz
链路增益	−10 ~ +10dB（可调）
无损害最大输入功率	+15dBm
链路噪声系数	18dB
输出 1dB 压缩功率	+9dBm
发射和接收模块反射损耗	<−15dB
激光器输出光功率	3dBm
光波长	1310nm
光接头类型	FC/APC
输入输出射频接头类型	SMA /母头
工作温度	−10 ~ +55℃

以 19 波束接收机为例，其工作频段为 1.05 ~ 1.45GHz，系统噪声温度为 22K，对应噪声功率密度为 −185.2dBm/Hz，低噪声放大器和射频电路的总增益为 80dB（32dB+48dB），那么系统噪声在光纤传输系统输入端口的噪声功率密度为 −105.2dBm/Hz，总功率为 −19.2dBm。光纤传输系统工作增益设置为 0dB，收发器自身噪声功率密度等效到其输入端口为 −156dBm/Hz，对应的噪声系数为 18dB，在此输入端口，系统噪声比收发器噪声高 50.8dB。收发器 1dB 压缩功率为 +8dBm，系统噪声功率为 −19.2dBm，两者相差 27.2dBm，收发器工作在线性区。鉴于收发器输入端口信噪比高达 50.8dB，可适当降低射频电路增益，输入信号功率最低可降至 −25dBm（驱动收发器的最小功率），此时射频电路增益为 43.2dB。

考虑到 FAST 光缆更换的复杂性，计划至少 5 年更换一次，经计算，5 年里光缆会有约 6.6 万次弯折。FAST 团队联合北京邮电大学、武汉烽火通信科技股份有限公司及北京康宁光缆有限公司，历时 4.5 年，采用高稳定性

G657 光纤为 FAST 联合研制了 48 芯抗弯折高稳定动光缆（见图 3.11），并在世界范围内首次开展了光缆模拟运动工况弯折以及拉伸、曲挠、防水等系列试验。测试表明，光缆弯折寿命远大于 6.6 万次，光功率实时起伏小于 0.044dB（见图 3.12），两项指标远超国家军用标准（GJB）中的 1000 次和 0.2dB 的指标要求。

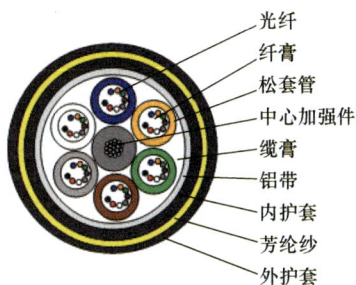

图 3.11　FAST 48 芯动光缆截面示意

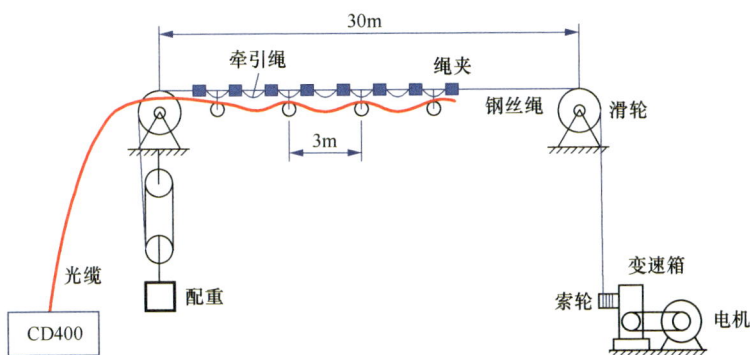

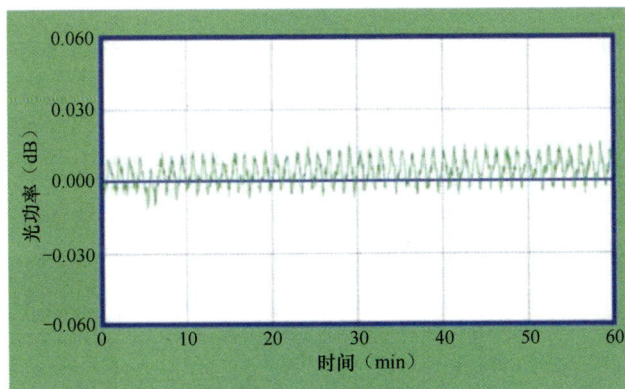

图 3.12　光缆弯折试验装置设计及光纤传输系统光功率波动测试结果

光纤传输系统自应用以来，优化后的传输方案以及高稳定动光缆保障了 FAST 19 波束接收机（38 通道）和两套超宽带接收机（12 通道）信号的等长距离、无干扰、无失真、均衡稳定传输，测试结果如图 3.13 所示。

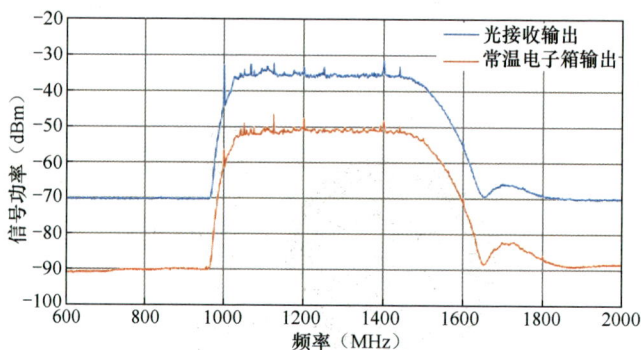

图 3.13　19 波束接收机信号经光纤传输系统的测试结果

3.1.4　接收机真空及制冷技术

制冷系统为接收机前端关键器件提供低温工作环境。前置低噪声放大器需要工作在 $10 \sim 20K$ 的低温环境中。另外，通过降低极化器等被动微波器件的物理温度，也可减小器件损耗引起的噪声。目前，GM 制冷机在射电天文领域得到广泛应用。采用氦气 GM 制冷机结合真空杜瓦获得低温。GM 制冷机方案是吉福德和麦克马洪于 1957 年提出的，该方案利用绝热放气制冷，并利用气体循环获得持续的低温。

GM 制冷机采用真空杜瓦维持低温。杜瓦内的真空环境可有效隔离热传导，防止热对流和热辐射引起温度升高。工作时，杜瓦内部真空度维持在 $10^{-5}Pa$ 量级，有利于极化器和低噪声放大器获得 $10 \sim 20K$ 的低温工作环境。

GM 制冷机系统由压缩机、冷头、氦气管路和真空杜瓦组成，如图 3.14 所示。压缩机拟采用 Austin Scientific 公司的 M600 风冷型氦气压缩机。该压缩机可以提供足够大的氦气流量，同时带动 $3 \sim 4$ 个冷头，适用于多波束接收机的杜瓦制冷。冷头采用 Helix Technology 公司生产的 1020 型冷头，该冷头采用二级制冷，每级制冷温度分别为 70K 和 15K，能够满足低噪声放大器的工作要求。

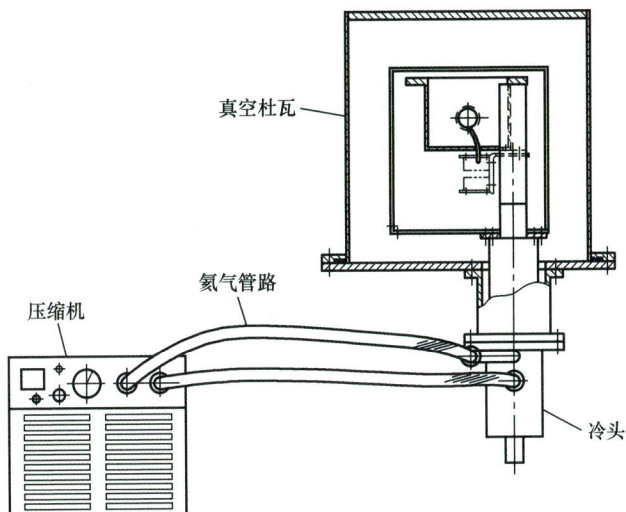

图 3.14　GM 制冷机系统结构示意

真空杜瓦是一个真空容器，其结构如图 3.15 所示。容器体采用不锈钢材料加工制成，各个部件的连接处、电源和信号的引入端、真空窗等处，都用可靠的 O 型橡胶圈密封。橡胶圈材料采用丁腈橡胶，可反复拆卸、安装，且易于加工、价格低廉，在常温下密封可靠，可以有效保持容器的真空度。丁腈橡胶的性能指标见表 3.4。

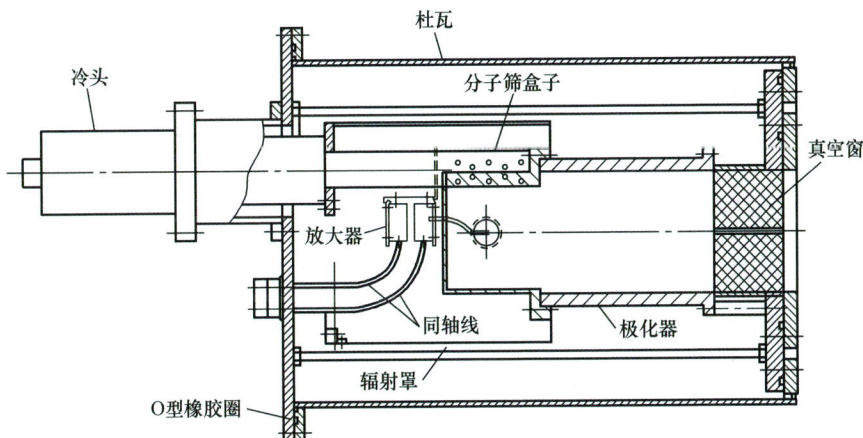

图 3.15　真空杜瓦的典型结构

表 3.4　丁腈橡胶的性能指标

温区（℃）	渗透系数 [m^3(STP)·cm·(cm^2·s^{-1})]	出气速率 [Pa·L·(s^{-1}·cm^{-2})]	烘烤温度（℃）
−25 ～ +150	0.41×10^{-7} ～ 0.8×10^{-7}	9.2×10^{-4}	<150

注：STP 为 Standard Temperature and Pressure，标准温度和压力。

使放大器获得低温环境的另一个重要结构是辐射罩，其由紫铜板表面镀镍铬合金制作而成，放大器置于其中。辐射罩连接在二级冷头处，工作温度为冷头的二级制冷温度。镍铬合金的镀层表面的发射率较小，可以有效阻挡来自杜瓦容器壁的热辐射，减小热辐射对放大器的影响，以获得合适的工作温度。辐射罩外表面包裹隔热层可以进一步降低制冷温度。隔热层由 6 层镀铝涤纶膜与玻璃纤维纸交替构成。

杜瓦内的低温和真空度是两个相互促进的因素。维持较高的真空度有利于获得较低的制冷温度，而低制冷温度又促使真空度进一步升高。在二级冷头处安装分子筛盒子。分子筛在低温下有较好的吸附效果，可以吸附一些不易被冷头"捕获"的惰性气体，以保持容器的真空度。

杜瓦容器上设计了真空窗，这是射电波进入极化器的通道。真空窗由挤塑聚苯乙烯板与聚酰亚胺膜共同构成。聚酰亚胺膜具有较低的透气率，而挤塑聚苯乙烯板具有较高的抗压强度，两种材料结合使用，充分满足真空窗的性能要求。

放大器与外部信号之间的传输使用不锈钢同轴电缆。工作时，电缆两端的温度分别为 15K 和 300K，这种以不锈钢为外导体的同轴电缆可以有效减少热负载数目，同时保证较好的信号传输效果。

杜瓦在工作时，使用真空泵组预抽真空到一定程度然后启动冷头。综合考虑杜瓦容器的容积、预真空条件、抽速及预抽气时间等因素，选用旋片机械泵和分子泵组合的真空泵组，可以在较短的抽气时间内达到冷头启动的真空条件。

压缩机放置在馈源舱一级平台上，冷头与杜瓦安装在二级精调平台上。压缩机和冷头之间使用不锈钢硬管和波纹软管作为氦气管路，管路之间使用自密封接头连接。安装自密封接头时使用专用工具，确保管路的密封性。

压缩机工作时要求水平放置，允许 ±4° 的倾斜。FAST 馈源舱一级平台工作时会有 ±20° 的倾角变化。为了消除平台倾角对压缩机的影响，采用悬挂装置使压缩机保持水平。

要注意保持真空杜瓦安装环境的清洁，装入杜瓦的零件应严格按照以下清洗程序清洗：先用自来水和清洁剂清洗表面油脂，再用 Citranox 酸性液体清洁剂刷洗深层氧化物、盐和无机物残渣，然后用清水洗净，最后用乙醇去除零件表面的水。如果清洁后的零件无须立刻装配，需要将其储存在干燥、清洁的地方，并用无油的铝箔包好。整个装配过程中工人应佩戴手套，避免污染零件。

3.1.5　接收机数字终端

随着电子技术的发展，在射电天文领域，数字终端已经基本取代了模拟终端，新兴的电子技术产生了新的数据处理模式。数字终端成为射电望远镜重要的组成部分之一，针对不同的科学目标进行相应的数字终端的研制和相应的处理。FAST 接收机数字终端包括脉冲星（非相干／相干）消色散终端、分子谱线终端、VLBI 终端、SETI 终端和计算机集群数字终端。

数字终端大部分的前端处理使用加利福尼亚大学伯克利分校 Casper 实验室开发的 ROACH2 板卡，终端处理使用图形处理单元（Graphics Processing Unit，GPU）集群，通过以太网进行数据传输，大部分组成设备均为成熟的商业产品。时间系统由氢钟提供基准的 10MHz 信号。频率合成器使用氢钟的 10MHz 信号作为参考，提供采样所需的不同频率的时钟，确保频率的准确性。氢钟秒脉冲（One Pulse Per Second，1PPS）信号与 GPS 时钟的 1PPS 信号进行持续不间断比对，确保 FAST 时间频率标准的可追溯性。

脉冲星搜索巡天终端用于 19 波束接收机和其他单波束接收机的脉冲星观测的搜索及巡天任务，中频段带宽为 500MHz（19 波束）、1GHz（单波束）。以单波束为例，该终端的数据处理流程简述如下。

I1/I2 两个偏振信号在 ROACH2 上进行模数转换，经过多相滤波产生 1000 ～ 8000 个频率通道数据及功率，对功率数据进行积分（累加）等操作后，以 8bit（优先）精度将数据通过 10GE 网卡、使用用户数据报协议传输给服务器，在服务器上进行数据格式（PSRFITS）的转换和存储，数据处理流程如图 3.16 所示。

脉冲星非相干消色散（单波束脉冲星计时）终端用于单波束脉冲星计时观测。最大带宽为 1GHz，该终端的数据处理流程简述如下。

中频信号在 ROACH2 上经过模数转换、多相滤波生成 4000（1000/2000/8000）个频率通道数据。两个偏振频谱交叉相乘得到 4 个 Stokes 分量，不在 FPGA 上进行累加，打包后直接通过 4 条 10GE 线路传输给计算机。

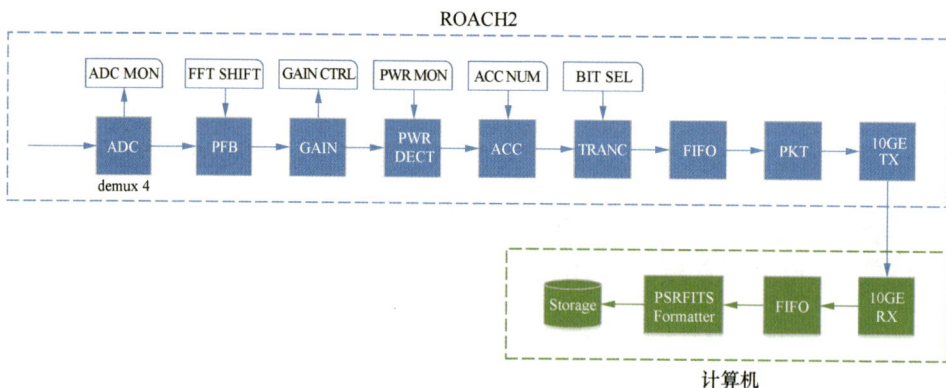

图 3.16　脉冲星搜索巡天终端数据处理流程

计算机接收到数据包后，将数据包重新整理成 4 个偏振频谱传输到 GPU，同时计算机计算出频谱中每个频率的初始脉冲星相位和相应数据段中脉冲星的相位增量。为了减小计算量，不对每个数据点都使用切比雪夫多项式计算相位，而是使用"初始相位 + 增量"的方式计算相位，计算频率和时间这两个维度上的两种计算方法的误差。借助 TEMPO2 软件工具，用 psrcat 中的 2212 颗脉冲星数据生成时间模型，在小于 1s 的时间长度下，两种方法计算的相位误差小于 5×10^{-4}，相位误差会影响脉冲星 Profile 分辨率。通过测试，"初始相位 + 增量"的方式可以减小数据计算量，并且其相位误差不影响分辨率。在低频段（70 ～ 140MHz），两种方法计算的相位误差大于 0.1，只能使用切比雪夫多项式计算相位。

在 GPU 中对 4 个偏振频谱进行带通消除和相位折叠，从而生成脉冲星 Profile 数据。脉冲星 Profile 数据定时从 GPU 传回中央处理器（Central Processing Unit，CPU），最终以 PSRFITS 格式存入文件。数据处理流程如图 3.17 所示。

脉冲星相干消色散（单波束脉冲星计时）终端用于单波束脉冲星计时观测。最大带宽为 1GHz，该终端的数据处理流程简述如下。

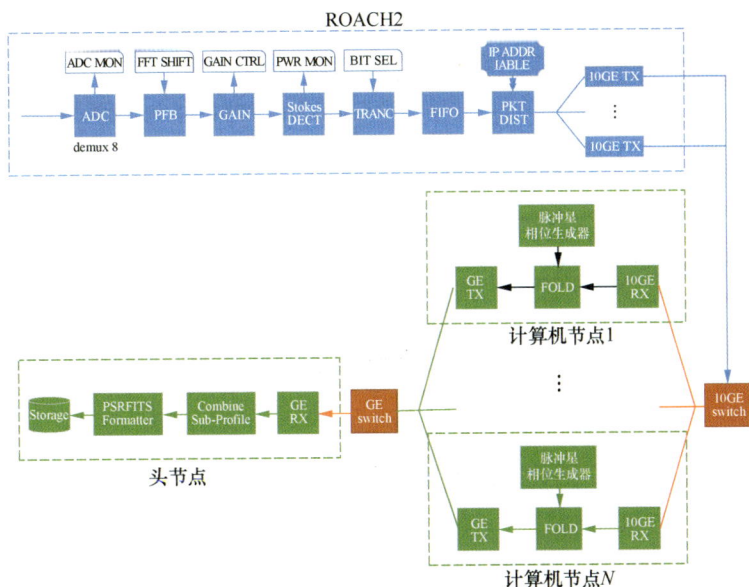

图 3.17   单波束脉冲星计时（非相干消色散）终端数据处理流程

中频信号在 ROACH2 上采样，经多相滤波生成 256 个 4MHz 带宽数据，将数据重新打包，通过 4 条 10GE 线路传输给计算机。

　　计算机接收到数据包后，将数据包重新整理成各频段宽带数据，相应数据平均分配到两块 GPU 中进行计算。

　　数据在 GPU 中经过傅里叶变换、频谱修正、傅里叶逆变换、交叉相乘得到 4 个 Stokes 分量，再进行脉冲星相位折叠，最终得到脉冲星 Profile 数据，Profile 数据从 GPU 传回 CPU，最终以 PSRFITS 格式存入文件。数据处理流程如图 3.18 所示。

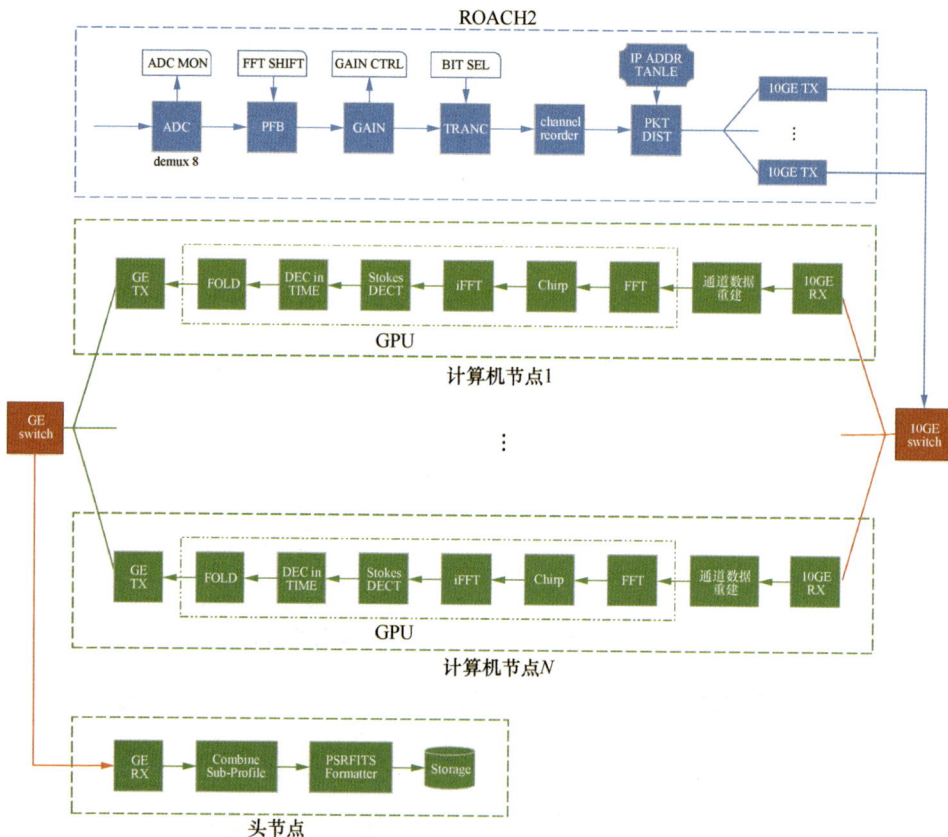

图 3.18　单波束脉冲星计时（相干消色散）终端数据处理流程

　　银河系内中性氢巡天终端用于 19 波束银河系内中性氢巡天观测，基于科学观测需求，20MHz 的通带范围内的通道数为 64 000，最大带宽为 500MHz。该终端的数据处理流程简述如下。

　　中频信号在 ROACH2 上采样，直接通过 10GE 线路传输给计算机，计算机将 500MHz 带宽数据分配到 GPU 上进行 2×10^6 个点的多相滤波、傅里叶变换，两个偏振频谱交叉相乘得到 4 个 Stokes 分量，抽取 1420MHz 频率附近约 20MHz 带宽的数据，再将数据累加得到最终的频谱数据。GPU 将频谱数据回传给计算机，计算机以 SDFITS 格式存储。数据处理流程与单波束谱线搜寻终端（高分辨率谱线终端）的相同。

　　银河系外中性氢巡天终端用于 19 波束银河系外中性氢巡天观测，中频段带宽为 300MHz，处理带宽为 500MHz。数据处理流程简述如下。

　　先将中频信号在 ROACH2 上进行采样，将采样后的数据通过 10GE 线路传输给计算机，计算机将采样数据分配到 GPU 上进行 2×10^6 个点的多相滤波、傅里叶变换，两个偏振频谱交叉相乘得到 4 个 Stokes 分量，此过程与银河系内中性氢巡天终端一样，二者可共用。之后的数据处理稍有不同：银河系外中性氢巡天终端将全带宽的 2×10^6 个点的频谱数据的相邻 16 个通道相加，合成得到 500MHz 带宽内 1.28×10^5 个点的频谱数据，再累加得到最终的频谱数据。GPU 将频谱数据回传给计算机，计算机以 SDFITS 格式存储。

　　在指定计算机上通过 10GE 线路和先进先出（First In First Out，FIFO）线路接收数据，完成多相滤波和偏振检测，并将频谱数据累加后以 SDFITS 格式存储，数据处理流程如图 3.19 所示。

　　单波束谱线搜寻终端（高分辨率谱线终端）用于单波束谱线搜寻，最大带宽为 1GHz，通道数为 4×10^6 个，频率分辨率达到 250Hz，从而使速度分辨率达到 0.1km/s。该终端与银河系内中性氢巡天终端、银河系外中性氢巡天终端的数据处理流程相同，数据处理流程简述如下。

　　中频信号在 ROACH2 上采样，数据打包后通过 4 条 10GE 线路交错传输到计算机，计算机接收到数据包后，将数据包重新整理成两个偏振的采样数据，采样数据分批平均分配到两块 GPU 上进行计算。数据在 GPU 中

经过多相滤波、傅里叶变换，两个偏振频谱交叉相乘得到 4 个 Stokes 分量，再累加得到最终的频谱数据。频谱数据从 GPU 传回 CPU，最终以 SDFITS 格式存入文件。

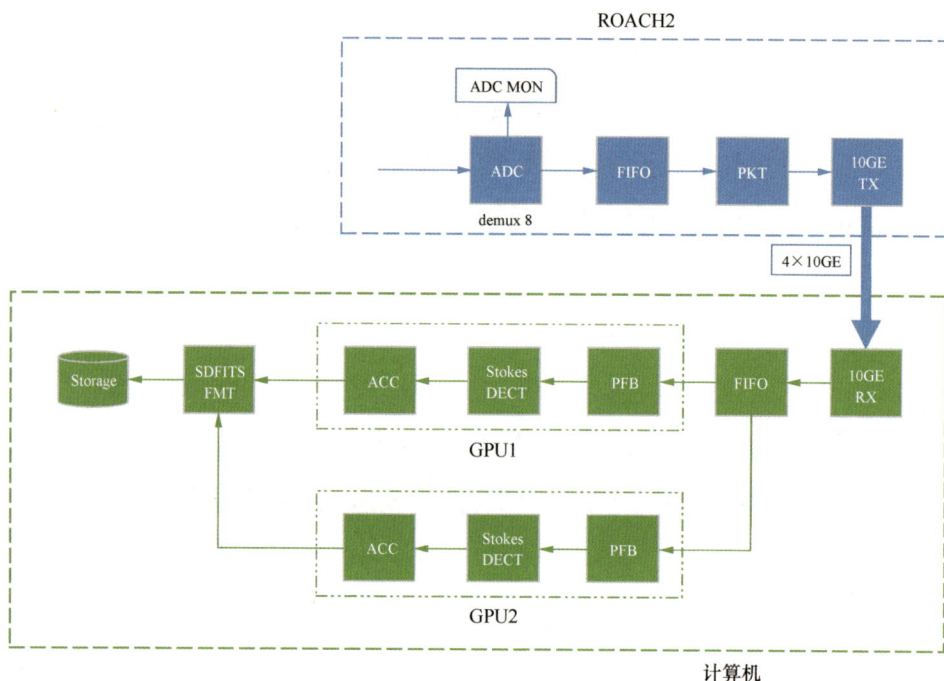

图 3.19　单波束谱线搜寻终端（高分辨率谱线终端）数据处理流程

银河系内 / 外中性氢巡天终端与该终端不同，银河系内 / 外中性氢巡天终端使用 1Gsample/s 采样率的 ADC 卡，使用两条 10GE 线路，一块 GPU 即可满足数据传输和计算要求。

VLBI 终端的最大带宽为 1GHz，直接在 ROACH2 上对中频信号进行采样得到精度为 8bit 的数据，对该数据进行再量化，得到 2bit 数据，将 2bit 数据以 VDIF 格式通过 10GE 网卡输出，记录时间为 6h，数据处理流程如图 3.20 所示。

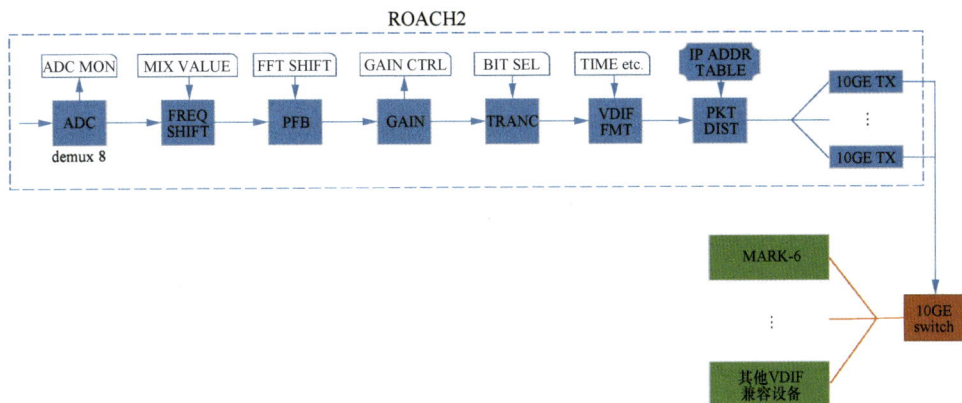

图 3.20　VLBI 终端数据处理流程

SETI 终端对数据进行多相滤波、傅里叶变换，使得数据的频率分辨率优于 1Hz。在每个通道内检测，搜寻观测频段范围内超过一定阈值的单频信号并记录下来。通用数据记录终端最大带宽为 1GHz，对中频信号进行采样后，以 8bit 数据精度直接通过 2 个 10GE 网卡将数据传输给计算机进行存储，连续存储时间为 6h，一次存储数据量为 90TB。

综上所述，FAST 数字终端对数据的处理可以分为如下三类。

类别①：在 ROACH 上完成数据处理，通过 10GE 网卡将数据传输给磁盘进行存储，如 19 波束脉冲星搜索巡天终端、单波束脉冲星搜索巡天终端、单波束脉冲星计时（非相干消色散）终端。

类别②：直接在 ROACH 上进行 ADC 采样，将采样后的数据通过 10GE 网卡传输给服务器，在服务器的 GPU 上进一步对数据进行处理，再将 GPU 处理后的数据传输给磁盘进行存储，如银河系内中性氢巡天终端、银河系外中性氢巡天终端、单波束谱线搜寻终端（高分辨率谱线终端）、通用数据记录终端以及 VLBI 终端。

类别③：先在 ROACH 上进行多相滤波，对数据进行分通道处理，再将数据通过 10GE 网卡传输给服务器，在服务器的 GPU 上按通道对数据进行进一步的处理，如单波束脉冲星计时（相干消色散）终端和 SETI 终端。

FAST 数字终端的最大带宽、波束数目和类别如表 3.5 所示。对于单波束信号且带宽为 1GHz 的数字终端，一台 ROACH 的计算资源可以同时支持单波束脉冲星搜索巡天终端、单波束脉冲星计时（非相干消色散）终端、单波束脉冲星计时（相干消色散）终端和高分辨率谱线终端中的任意两个组合。单波束脉冲星搜索巡天终端、单波束脉冲星计时（非相干消色散）终端和单波束脉冲星计时（相干消色散）终端所需要的数据传输速率为 1Gbit/s（双极化输出），至少需要一个 10GE 网口；而高分辨率谱线终端的数据传输速率为 4Gbit/s（双极化输出），需要至少占用 4 个 10GE 网口。一台 ROACH 最多可以支持 8 个 10GE 网口，因此一台 ROACH 可以支持这 4 种终端中的任意两个组合。带宽为 1GHz 的硬件实现如图 3.21 所示。

表 3.5　FAST 数字终端的最大带宽、波束数目和类别

序号	科学目标	终端	最大带宽	波束数目	类别
1	脉冲星	19 波束脉冲星搜索巡天终端	500MHz	19	①
		单波束脉冲星搜索巡天终端	1GHz	1	①
		单波束脉冲星计时（非相干消色散）终端	1GHz	1	①
		单波束脉冲星计时（相干消色散）终端	1GHz	1	③
2	分子谱线	银河系内中性氢巡天终端	500MHz	19	②
		银河系外中性氢巡天终端	500MHz	19	②
		单波束谱线搜寻终端（高分辨率谱线终端）	1GHz	1	②
3	VLBI	VLBI 终端	1GHz	1	②
4	SETI	SETI 终端	1GHz	1	③
5	计算机集群	通用数据记录终端	1GHz	1	②

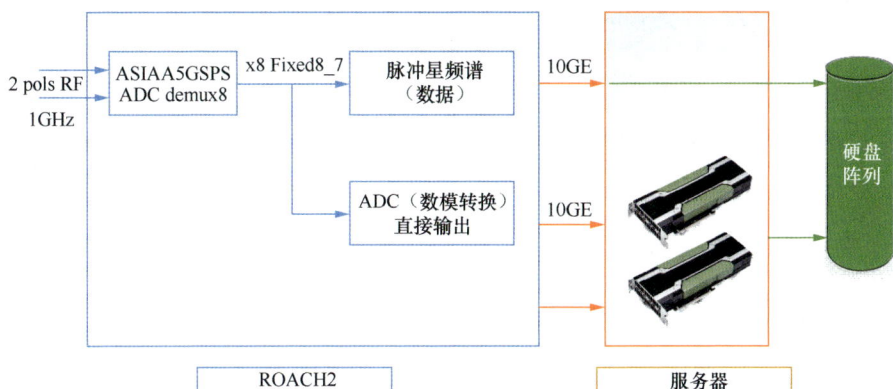

图 3.21　带宽为 1GHz 的硬件实现（单波束）

多波束接收机和单波束接收机的原理一样，由于带宽为 500MHz，故一台 ROACH 上可以支持两套单波束的数据处理单元，如图 3.22 所示。对于 19 波束接收机，需要 10 台 ROACH 来进行数据处理。

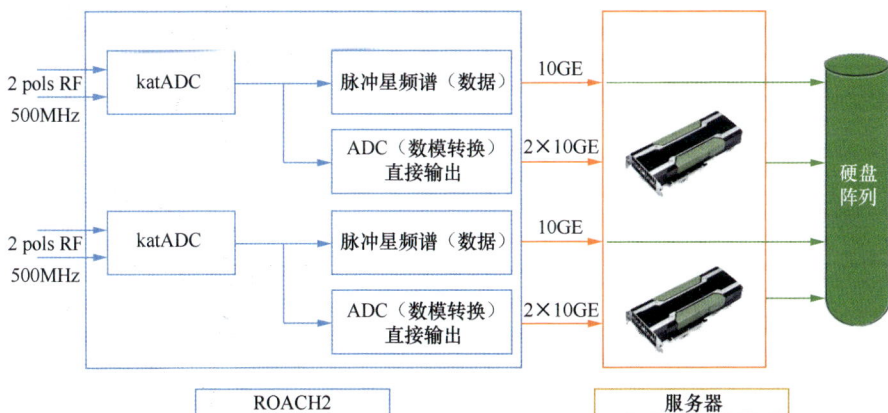

图 3.22　带宽为 1GHz 的硬件实现（多波束）

对 ROACH 的开发借助于 MATLAB 的 Simulink 平台，Simulink 的优点是可以直观、快捷地看到设计的仿真结果。验证 ROACH 设计可靠性的第一步是在给定确定输入信号的情况下，对 Simulink 设计的数据处理流程的逐步输出结果与理论计算结果进行比较，使得在每一步中两者的误差都在一定范围内，从而保证设计的可靠性。

第二步是在完成第一步后，进行硬件输出和仿真结果的对比。利用第一步的 Simulink 文件生成相应的硬件比特流文件，来驱动 ROACH 进行相应的数据处理。通过该设计中的测试向量发生器（Test Vector Generator，TVG），在 ROACH 上产生一个已知的内部硬件输入信号，对比 ROACH 相应的输出信号和理论输出值，两者误差在可接受的范围内才能完成本步骤的验证。

第三步提供一个外部的输入信号，对比该输入信号通过 ROACH 后的输出信号与理论输出值的误差，使得该误差在可接受的范围内。

通过以上3步的测试，保证 ROACH 开发的可靠性，如图 3.23 所示。

对终端整体的测试建立在 ROACH 开发测试通过的前提下，除此之外，还包括终端其他部分测试，如 GPU 开发、输入输出、数据存储等。和 ROACH 开发测试类似，终端整体测试也可以分为以下三个步骤。

第一步利用 MATLAB 或者其他工具对数据处理流程进行仿真，产生测试数据并得到仿真结果。

第二步将第一步的测试数据作为输入，测试终端整体，对比仿真结果和终端输出结果，使得误差在一定范围内，否则需要对终端进行修改，直到满足误差要求为止。

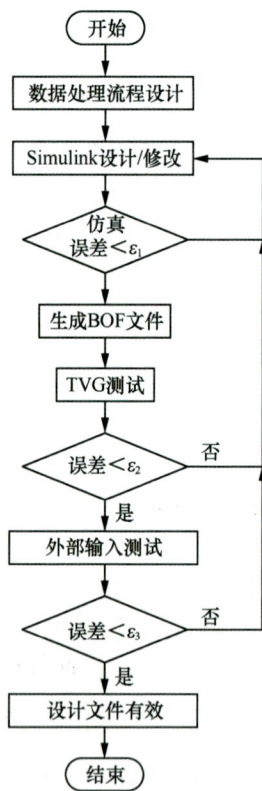

图 3.23 ROACH 开发测试系统流程示意

第三步利用确定源的观测数据和已有的处理结果作为终端输入，对比终端输出结果和已有的公认结果，进行交叉认证，使得两者的误差在一定的范围内，否则需要对终端进行修改，直到满足要求为止。

通过上述 3 步的测试，最终使得整个终端的设计是有效的。

多波束接收机数字终端采用 CASPER 的 ROACH2 平台研发，采用 KatADC，实际采样频率为 1000MHz，采样精度为 8bit。因需处理 19 个波束的信号，系统较单波束系统更复杂。每台 ROACH 接收并处理两个波束的信号，采用 10 台终端可接收全部 19 波束的信号，

图 3.24   终端中的 4 台 ROACH2

图 3.24 所示为终端中的 4 台 ROACH2。

经过对数字终端系统的调试，实现了多波束接收机与终端正常的配合工作，信号输入幅度合适，数据记录正常。多波束接收机数字终端被部署后，进行了接收机标定噪声管数据测试及数据记录测试，并用漂移扫描模式进行指向检验终端数据记录的测试（见图 3.25）。

单波束接收机数字终端采用 CASPER 的 ROACH2 平台研发，采用 5G-ADC，实际采样频率为 2048MHz，采样精度为 8bit。两台终端可分别覆盖超宽带接收机的低频和高频部分。数字终端脉冲星数据处理软件采用 DSPSR 折叠脉冲星搜索模式数据，得到折叠模式的数据，采用 PSRCHIVE 显示脉冲星数据。

2016 年 9 月 17 日，使用漂移扫描模式在脉冲星 PSR B1919+21 的指向上，观测到该脉冲星信号。数字终端记录积分时间约 1min，信噪比超过 5000，观测效果良好。图 3.26 所示为脉冲星 PSR B1919+21 信号的频率 – 相位及轮廓。经过对数字终端的测试和运行调试，FAST 终端的各项观测模式均工作正常，信号输入幅度合适，数据记录正常，并可搜索到脉冲星信号，证明脉冲星搜索模式工作正常，满足观测技术要求。

注入噪声温度：波束1

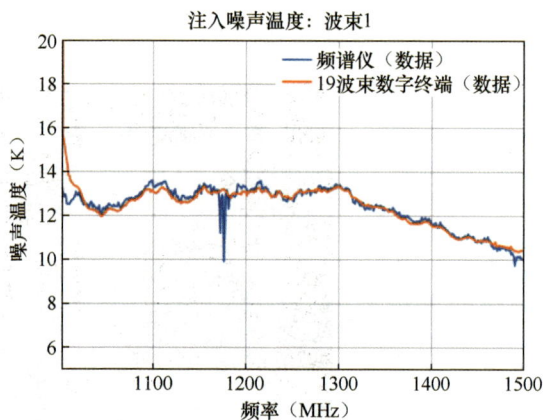

（a）噪声温度

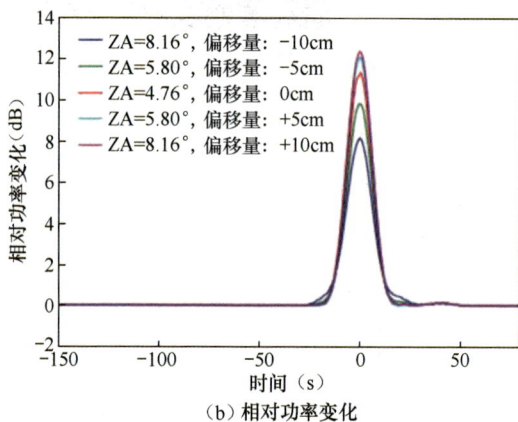

（b）相对功率变化

注：ZA 为 Zenith Angle，天顶角。

图 3.25　噪声管数据测试及数据记录测试

J1921+2153 1919-sept17-1st-try.arz
频率：449.693MHz，带宽：1024.000MHz
长度：60.000，信噪比：5366.504

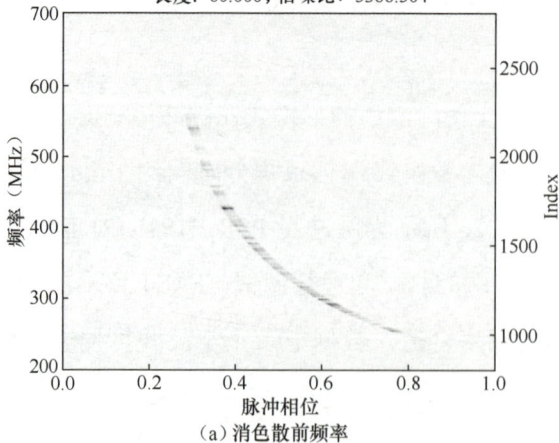

（a）消色散前频率

图 3.26　脉冲星 PSR B1919+21 信号的频率 – 相位及轮廓

J1921+2153 1919-sept17-1st-try.arz
频率: 512.000MHz, 带宽: 1024.000MHz
长度: 60.000, 信噪比: 5365.298

（b）消色散后脉冲轮廓

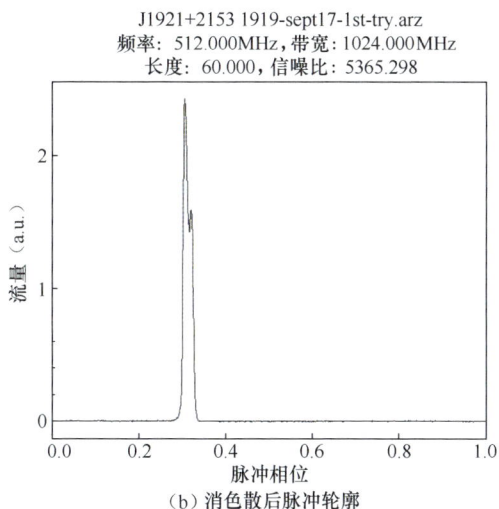

图 3.26　脉冲星 PSR B1919+21 信号的频率 – 相位及轮廓（续）

3.1.6　FAST 时间频率标准

　　FAST 时间频率系统分为时间系统和频率系统两个部分，分别为系统提供时间同步信号和高稳定度频率标准。时间系统为接收机系统和天线控制器提供精确定时信息，产生协调世界时（Universal Time Coordinated，UTC）的本地副本（=国际原子时 + 闰秒），同时输出秒脉冲信号，令其与其他需要精确定时的设备同步。时间系统的主要性能指标是时间精度，即输出信号与标准 UTC 的偏差，用 ns 表示。所使用的设备主要包括 GPS 以及北斗时间接收机、网络时间协议（Network Time Protocol，NTP）服务器、脉冲分配器、计数器等，目前主流产品设备能提供 20ns 的均方根误差（Root Mean Square Error, RMSE）、100ns 的峰值时间精度。

　　频率系统提供稳定的参考频率，以正弦信号的形式输出，在天文观测设备中主要用于为混频和采样提供稳定的时钟信号，主要性能指标是频率稳定度，通常用阿兰标准差（Alan Standard Deviation，ADEV）表示。有时为使用和测量方便，短时稳定度（≤ 1s）也使用单边带相位噪声表示。主

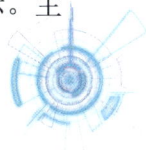

要设备包括高性能晶振及各类原子钟、频率合成器与分配器等。

时间频率系统利用高稳定度的氢钟作为主要的频率标准，利用时间服务器与本地 GPS 时间服务器进行 NTP 授时，通过氢钟与 GPS 时间服务器进行时间比对，获得本地时间频率标准与 GPS 时间的钟差。

在 FAST 初步建设阶段，制定完成了 FAST 时间频率系统初步设计方案，开展了一系列试验。2016—2018 年完成了主要时间频率设备安装调试与系统的初步测试，并随 FAST 进行调试观测，进行了脉冲星计时、VLBI 等天文观测试验。此后，时间频率系统进一步完善，增加了辅助信号发生器、时间比对设备，以便对系统的时间频率信号和设备工作状态进行长期监测。

FAST 时间频率系统如图 3.27 所示，系统主要由时间频率设备（包括氢钟、铷钟、GPS 时间服务器）以及频率分配器、频率综合器构成。以氢钟为标准频率源提供 5MHz、10MHz 标准频率信号，经过频率分配器之后发送给频率综合器，综合器将 5MHz 或 10MHz 频率调整到接收机设备需要的频率后传输给各个设备终端使用。安装了时间比对设备后，可以将 FAST

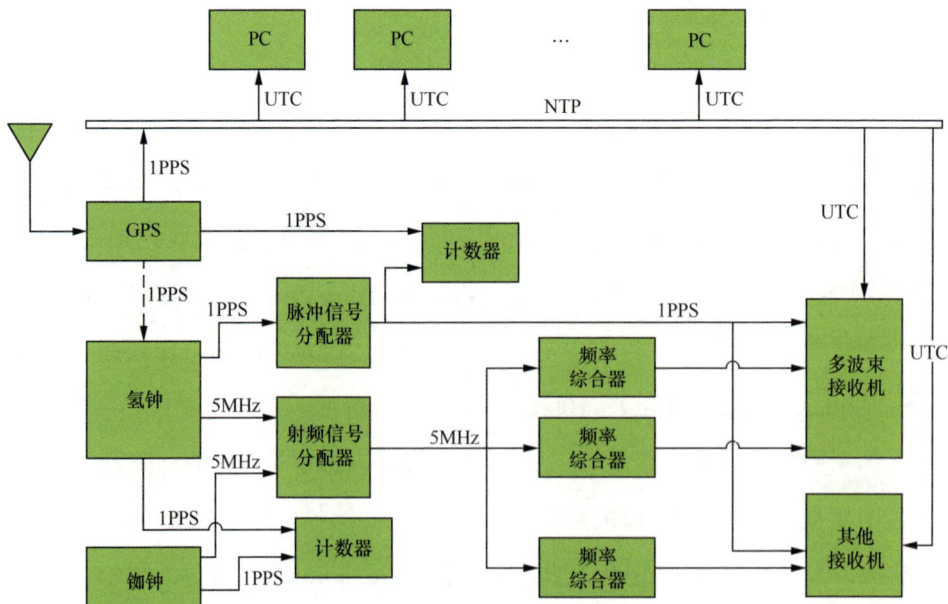

图 3.27 FAST 时间频率系统构成

本地的氢钟与外部时间频率标准进行时间比对，获得本地频率标准的偏差和长期漂移，以便在天文观测数据处理中对采集到的信号的时间频率信息进行修正。

时间频率系统的主要设备见表 3.6。目前系统包含两台氢钟，一台作为主钟，为接收机系统提供标准频率信号；另一台作为备份，并与主钟进行比对，可以提高时间频率系统精度以及系统的可靠性。目前安装于 FAST 终端室的两台氢钟如图 3.28 所示。

表 3.6　时间频率系统的主要设备

序号	名称	数目
1	氢钟	2
2	铷钟	1
3	频率分配器	3
4	脉冲信号分配器	2
5	计数器	3
6	GPS 接收机	2
7	气象站	1
8	室内数字式温度仪	1
9	UPS	1
10	数据采集计算机	1

图 3.28　FAST 终端室的两台氢钟

时间频率系统开始工作之后，为保证系统提供的时间频率信号的长期准确、可靠，有必要对主要的频率基准氢钟的输出信号进行长期监测。FAST氢钟的主要性能指标见表 3.7。目前采用的方法主要为卫星共视观测，通过将氢钟与 GPS 时间服务器的 1PPS 信号进行比对，获得氢钟频率偏差，计算出长期漂移指标。获得频率漂移量后，有需要就可以通过系统配置的辅助信号发生器对氢钟的输出信号频率进行修正，再提供给接收机设备使用。

表 3.7　FAST 氢钟的主要性能指标

指标名	指标值
1PPS 输出	输出数目：2；幅度：3V；脉冲宽度：$\geqslant 20\mu s$；上升时间：<5ns；抖动 RMSE：<1ns；输入输出同步时间：<15ns
频率稳定度	1.5×10^{-13}（t=1s）；2.0×10^{-14}（t=10s）5.0×10^{-15}（t=100s）；2.0×10^{-15}（t=1000s）1.5×10^{-15}（t=10 000s）；$<2.0\times10^{-16}$（长期）
相位噪声（dBc）	$\leqslant -130$（f_1=1Hz，f_2=5MHz）；$\leqslant -124$（f_1=1Hz，f_2=10MHz）；$\leqslant -102$（f_1=1Hz，f_2=100MHz）；$\leqslant -150$（f_1=10Hz，f_2=5MHz）；$\leqslant -138$（f_1=10Hz，f_2=10MHz）；$\leqslant -117$（f_1=10Hz，f_2=100MHz）；$\leqslant -158$（f_1=100Hz，f_2=5MHz）；$\leqslant -146$（f_1=100Hz，f_2=10MHz）；$\leqslant -126$（f_1=100Hz，f_2=100MHz）；$\leqslant -160$（f_1=1kHz，f_2=5MHz）；$\leqslant -150$（f_1=1kHz，f_2=10MHz）；$\leqslant -133$（f_1=1kHz，f_2=100MHz）；$\leqslant -160$（f_1=10/100kHz，f_2=5MHz）；$\leqslant -153$（f_1=10/100kHz，f_2=10MHz）；$\leqslant -134$（f_1=10/100kHz，f_2=100MHz）；

注：t 为测量时间；f_1 为输出信号中心频率；f_2 为偏移频率。

GPS 时间服务器接收 GPS 的导航信号并获取时间信息。GPS 系统时间是由该系统所搭载的时间频率设备（氢钟和铯钟）经加权平均获得的，是一个长期、稳定性很好的时间频率标准。通过与 GPS 时间服务器进行比对，可以监测本地氢钟的运行状况。氢钟与 GPS 时间服务器的比对监测结果如图 3.29 所示，通过比对监测，获得的氢钟的频率漂移量为 1×10^{-15}。

除了与 GPS 时间服务器进行比对之外，FAST 时间频率系统也与国家授时中心建立了时间比对链路，实现了 FAST 时间与国家标准时间的比对。比对同样采用卫星共视法。全球导航卫星系统共视法（Global Navigation Satellite System Common View，GNSS CV）以卫星钟时间作为公共参考源，相距遥远的两站同步观测相同卫星，测定本地钟与卫星钟的时间差，通过比较两站的观测结果来确定时间的相对偏差。

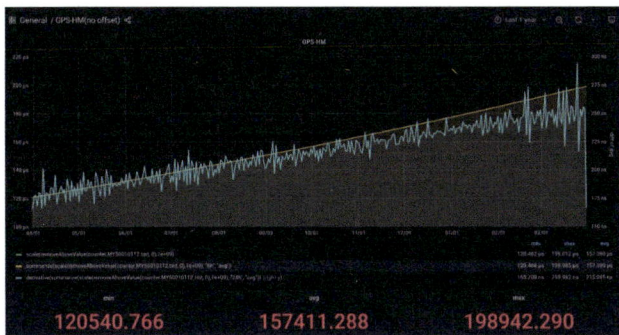

图 3.29　FAST 氢钟与 GPS 时间服务器的比对监测结果

GNSS CV 是目前主要使用的高精度远程时间比对技术，远程时间比对精度可达 2ns。GNSS CV 利用两站观测的相关性有效地消除卫星钟钟差的影响，削弱卫星轨道误差和大气延迟的影响（与站间距离有关），从而明显地提高远程时间传递的精度。GNSS CV 的实施包括观测、数据传输和比对处理计算三个过程。需要共视的两站采用共视接收机，按照共视规范，在相同的时刻，对相同的卫星进行观测，观测过程中采用相同的观测模式、大气延迟修正模型和数据处理方法，测定本地钟与卫星钟的时间差，以最大限度保证两站观测结果的一致性。在 FAST 和国家授时中心利用 GNSS 共视接收机，按 GNSS CV 标准化程序进行共视观测，再经过数据传输和比对处理计算，就能实现 FAST 时间与国家标准时间的精确比对。

由于 FAST 台站的氢钟处于自由运行状态，没有进行人为控制调整，因此比对前需要修正频率差的变化。图 3.30 中的比对结果曲线已经进行了频率差修正。图 3.30 中的拟合结果（红色点）反映了两站钟的相对变化，

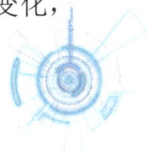

同一时刻蓝色点与红色点之差反映了两站设备的观测噪声大小，拟合得到的 RMSE 为 1.82ns。

FAST 时间频率系统方案以氢钟为主要频率基准，利用 GPS 时间服务器进行 NTP 授时，可以获得百秒内低于 10^{-14} 的频率稳定度。通过与 GPS时间服务器和国家授时中心进行时间比对，可以对 FAST 时间频率系统的工作状态进行监测和维护，以更好地应用于 FAST 天文观测。

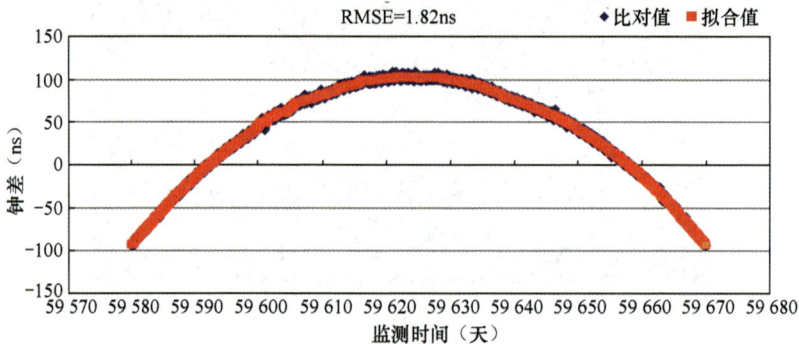

图 3.30　FAST 时间频率系统与国家授时中心时间频率系统比对结果

| 3.2　FAST 各频段接收机研制及性能测试 |

FAST 是最大的单口径射电望远镜，为充分发挥其观测能力，需要配置高品质接收机，接收机性能将直接影响望远镜的灵敏度和频率覆盖范围。接收机系统将反射面汇聚的电磁波转换为电信号，并进行低噪声放大、滤波、功率调谐、信号传输以及采样处理等，是利用望远镜进行天文观测的关键部件。

FAST 共配置 7 套接收机，包括 6 套单波束接收机和 1 套多波束接收机，工作频段分别为 70 ～ 140MHz、140 ～ 280MHz、270 ～ 1620MHz、560 ～ 1020MHz、1200 ～ 1800MHz、1050 ～ 1450MHz 和 2000 ～ 3000MHz，实现了 FAST 从 70MHz 到 3GHz 的频率覆盖。其中，1050 ～ 1450MHz 接收机为19 波束接收机，其他为单波束接收机。70 ～ 140MHz 及 140 ～ 280MHz 接收机

为常温接收机；270 ～ 1620MHz 接收机为部分制冷接收机；560 ～ 1020MHz、1050 ～ 1450MHz、1200 ～ 1800MHz 和 2000 ～ 3000MHz 接收机为制冷接收机。观测时，接收机安装于馈源舱稳定平台下；维护时，接收机放置于电子实验室中。

3.2.1　70 ～ 140MHz 与 140 ～ 280MHz 常温接收机

70 ～ 140MHz 与 140 ～ 280MHz 接收机为低频常温接收机，其馈源形式及接收机射频电路构成基本一致，均由馈源、低噪声放大器、常温微波单元、电源及监控模块等组成，如图 3.31 所示。这两套接收机主要用于 FAST 在 70 ～ 280MHz 这一低频段上的工作，用于脉冲星搜寻和谱线观测等。

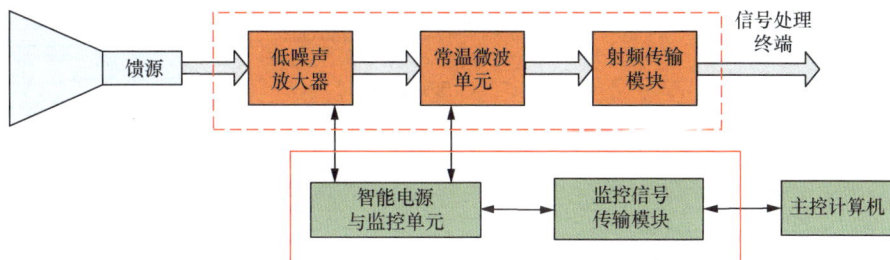

图 3.31　常温接收机整体系统

接收机采用主焦照明方式，馈源基本采用相同设计，均为顶负载背腔交叉阵子馈源，这种馈源的远场方向图的等化性能良好，相位中心稳定，有利于望远镜在频率覆盖范围内保持整体性能的稳定。馈源设计借助电磁仿真软件辅助进行，在 HFSS 仿真软件中对这种馈源模型进行电磁性能仿真，设计指标符合要求后，再将仿真模型拆分，进行机械加工，馈源仿真模型如图 3.32 所示。

在 HFSS 中建立顶负载背腔交叉阵子馈源模型，并对模型结构进行优化，仿真结果表明，B01 接收机馈源的 S 参数在设计频段（70 ～ 140MHz）的反射损

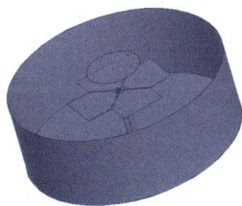

图 3.32　低频常温接收机馈源仿真模型

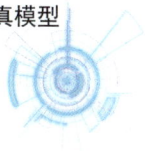

耗大于 11dB，极化隔离度大于 30dB；B02 接收机馈源的 S 参数在设计频段（140 ～ 280MHz）的反射损耗大于 13dB，极化隔离度大于 27dB，如图 3.33 所示。

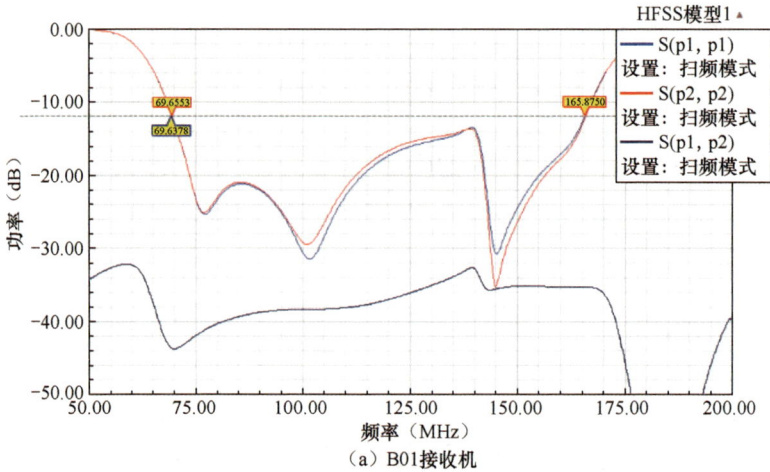

（a）B01接收机

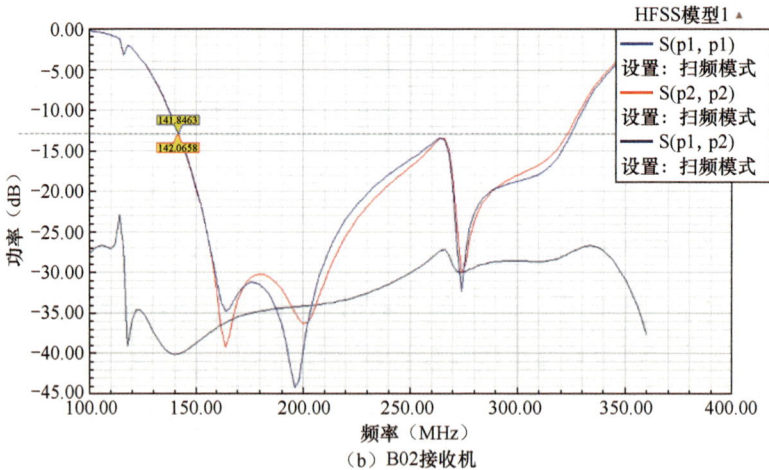

（b）B02接收机

注：p1 代表 1 号极化方向，p2 代表 2 号极化方向。

图 3.33　B01 接收机及 B02 接收机馈源的 S 参数仿真结果

由于该频段频率较低，馈源尺寸较大，目前还没有如此低频段的微波暗室来测试该频段的远场方向图。图 3.34 所示为在 HFSS 中仿真该频段中心频点的结果，结果表明该馈源的远场方向图的等化性能良好。

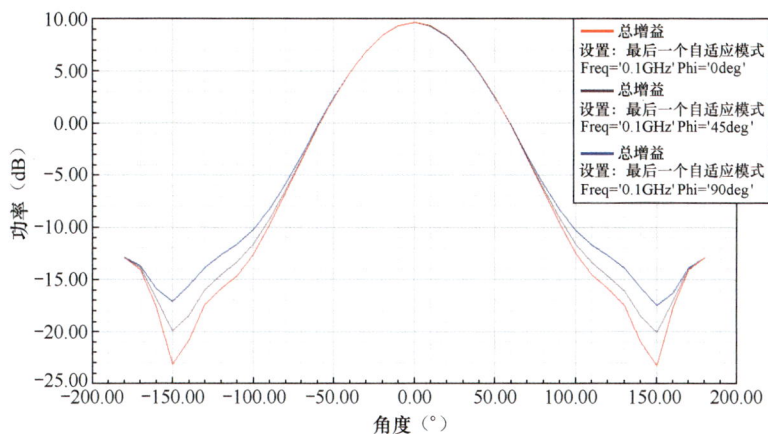

（a）70～140MHz馈源中心频点远场方向图

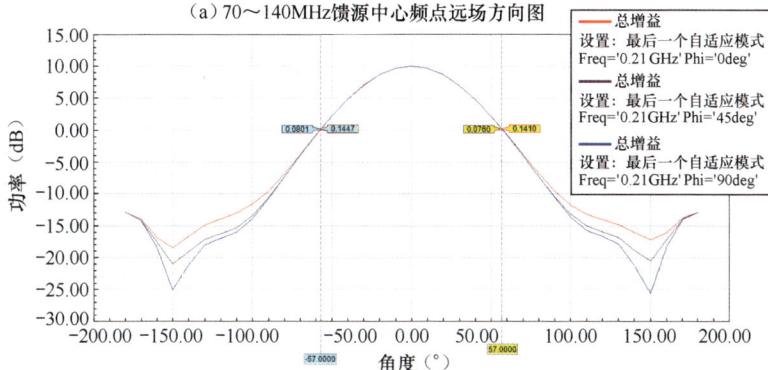

（b）140～280MHz馈源中心频点远场方向图

图 3.34　B01 接收机及 B02 接收机馈源的远场方向图仿真结果

　　馈源设计达到预期指标后，对馈源进行加工和组装，组装完成后的馈源机械性能指标见表 3.8。

表 3.8　馈源机械性能指标

指标名	指标值	
	B01	B02
整体尺寸及质量	高度 1100mm，直径 2800mm，质量 <100kg	高度 600mm，直径 1400mm，质量 <60kg
馈源安装	馈源舱和馈源通过安装支架相连，舱下平台到馈源底部的距离为（1600±10）mm；馈源的相位中心与腔体上部口径（此处口径是一个圆面）距离较短	馈源舱和馈源通过安装支架相连，舱下平台到馈源底部的距离为（1600±10）mm；馈源的相位中心与腔体上部口径距离较短

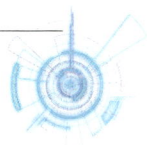

续表

指标名	指标值	
	B01	B02
顶负载	顶负载在馈源安装到馈源舱后再组装到馈源的 4 个阵子上	顶负载在馈源安装到馈源舱后再组装到馈源 4 个阵子上
接收机安装板	接收机安装板位于馈源底部，通过同轴电缆与馈源相连	接收机安装板位于馈源底部，通过同轴电缆与馈源相连
连接器	射频输出 –N 型母头	射频输出 –N 型母头
安装规格	供电输入：220VAC（上下浮动 20%），（50±5）Hz；通信接口要求：FC/APC（光纤）、串口 RS–232（计算机）	供电输入：220VAC（上下浮动 20%），（50±5）Hz；通信接口要求：FC/APC（光纤）、串口 RS–232（计算机）

加工后的馈源测试性能指标见表 3.9。

表 3.9　馈源测试性能指标

指标名	指标值	
	B01	B02
工作频段（MHz）	70 ～ 140	140 ～ 280
偏振	双线	双线
交叉极化耦合度（dB）	<–30	<–30
口径效率	>50%	>50%
反射损耗（dB）	>10	>10
相位中心	稳定在馈源口面附近	稳定在馈源口面附近

这两套常温接收机的射频链路原理如图 3.35 所示，射频链路由低噪声放大器、滤波器、后级放大器、光发射机、功分器、衰减器与射频电缆组件等构成，其中第一级低噪声放大器噪声温度指标决定了整个接收机系统的灵敏度，是整个接收机最重要的部分。

FAST 低频常温接收机第一级低噪声放大器采用商用成熟低噪声放大器，其主要性能指标见表 3.10。

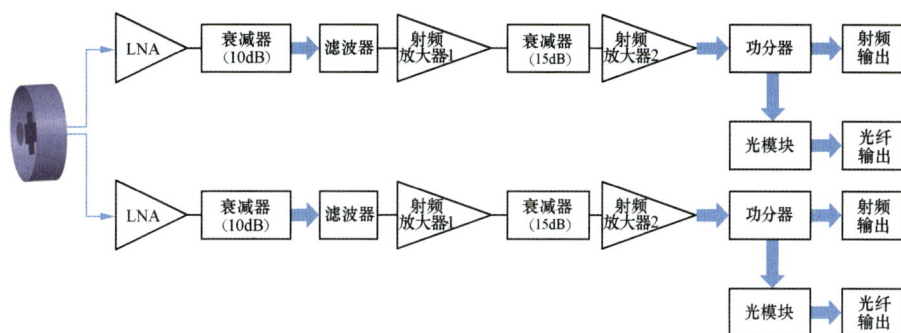

图 3.35　低频常温接收机射频链路原理

表 3.10　低频常温接收机第一级低噪声放大器的主要性能指标

指标名	指标值	
	B01	B02
工作频段（MHz）	70 ～ 140	140 ～ 280
增益（dB）	50	50
增益平坦度（dB）	±1.5	±1.5
噪声系数（dB）	0.5	0.5
输入反射损耗（dB）	>10	>10
输出反射损耗（dB）	>10	>10
1dB 压缩点（dBm）	22	22
三阶截断功率（dBm）	34	34

　　射频信号从馈源通过同轴电缆连接到常温接收机，完成放大和选频滤波，接收机整体性能指标及射频电路主要器件性能指标分别见表 3.11 和表 3.12。

表 3.11　接收机整体性能指标

指标名	指标值	
	B01	B02
工作频段（MHz）	70 ～ 140	140 ～ 280
通带平坦度（dB）	<2（P–P）	<2（P–P）
阻带衰减	低阻带（0 ～ 60MHz），<–30dB	低阻带（0 ～ 130MHz），<–30dB
	高阻带（150 ～ 300MHz），<–30dB	高阻带（290 ～ 500MHz），<–30dB

续表

指标名	指标值	
	B01	B02
噪声温度（K）	<60	<60
供电输入	220VAC（上下浮动 20%），（50±5）Hz	220VAC（上下浮动 20%），（50±5）Hz
系统增益（dB）	>77	>77
工作温度（℃）	10 ～ 40	10 ～ 40
监控参数	监控微波器件电压、电流等参数	监控微波器件电压、电流等参数

表 3.12　射频电路主要器件性能指标

器件名称	型号	数目	电压 / 电流
前级放大器	DBLNA100050050A	2	15V/250mA
固定衰减器 1	VAT–10	2	—
带通滤波器	70 ～ 140MHz 或 140 ～ 280MHz	2	—
后级放大器 1	ZKL–2+	2	12V/120mA
固定衰减器 2	VAT–10	2	—
后级放大器 2	ZFL–2500VHX+	2	15V/300mA
光端机	FOXCOM GL7220–L	2	5V/800mA、–5V/100mA

　　两套接收机供电模块均采用智能电源与监控单元，提供接收机元器件工作时所需要的电压、电流，并对常温接收机中核心部件的电压、电流进行监测。智能电源与监控单元可通过网控方式对接收机元器件的工作状态进行监测，并可对接收机进行远程数据访问和控制。智能电源提供低噪声放大器、后级放大器、噪声源（预留）等部件的工作电压；控制噪声源注入幅度，并实现晶体管－晶体管逻辑电平点火；同上位机实现通信功能，并且实现远程控制；提供放大器偏置电压和电流，对常温单元的电流、电压、锁定状态、功率电平进行监视与控制。

　　电源及监控模块采用模块化设计，将放大器电源、系统控制、通信等功能板卡化。通过系统总线将各板卡联系起来，构成系统，采用一次稳压的供电方式，在电源主机箱内进行一次稳压，最大限度降低电源波动对低噪声放大器的影响，保证接收机微波器件的电源稳定性。

一级稳压方案指的是为保障接收机微波器件的工作指标稳定，监控单元采用纹波较低、供电纯净的线性电源进行一次供电，由 220V 交流电经变压器变压整流后提供，预输出 +12V、+5V、−12V 电压，供后级系统使用。智能电源与监控单元各自独立取电，以隔离干扰，通过变压器抽头实现隔离。

智能电源给两个低噪声放大器、4 个常温放大器供电，采用 R 型工频变压器降压供电，采用线性稳压器稳压，线性电源在可靠性和电源技术指标上都要优于开关电源，而且产生的干扰也很小，最大限度保证射频放大器供电的纯净和低噪声。

另外，在电路设计上，采用了更先进的射频器件专用的极低噪声低压降稳压器，替代了传统的 LM317、7805 等旧款芯片，可为放大器提供低至 $0.8\mu V$ 的均方根供电噪声及高达 79dB 的电源抑制比（Power Supply Rejection Ratio，PSRR），高噪声隔离供电使低噪声放大器表现更加出色。另外，可调节的电源缓启动功能为低噪声放大器提供更加安全的工作环境。

监控单元机箱内部由通信接口单元、传感器采集单元、信号处理单元及供电模块等组成。主要功能包括：两个低噪声放大器的各自工作电压、电流的显示，常温单元总电压、电流的显示，预留一个噪声源各自的状态显示；对接收机姿态微调的控制；监测数据在本地面板显示，同时将监测的信息上传给上位机。

人机界面采用 4.3inch（1inch≈0.0333m）彩色液晶触摸屏，可方便查看及设置接收机系统的相关参数，如供电状态、加电状态和校准等。监控电子箱也提供了与上位机之间的通信和远程控制功能。

信息处理单元为整个电源监控系统的中枢，主要负责将各应用模块的信息进行汇总和综合处理，并通过人机界面实现参量的显示和控制。系统主控板采用 FPGA 核心处理器和相关扩展电路，可对多来源、同时段的多种信息流进行并行处理，具有系统响应速度快、可扩展性好的特点。采用 Altera EP4CE22F17C6N 完成主控功能。智能电源与监控单元的功能结构和

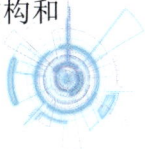

插箱内部结构分别如图 3.36 和图 3.37 所示。具体实现的功能包括智能电源各路电压电流的监视、噪声源监控（预留）、功率监测（预留）、本地液晶控制、远程控制（网络、串口备用）。

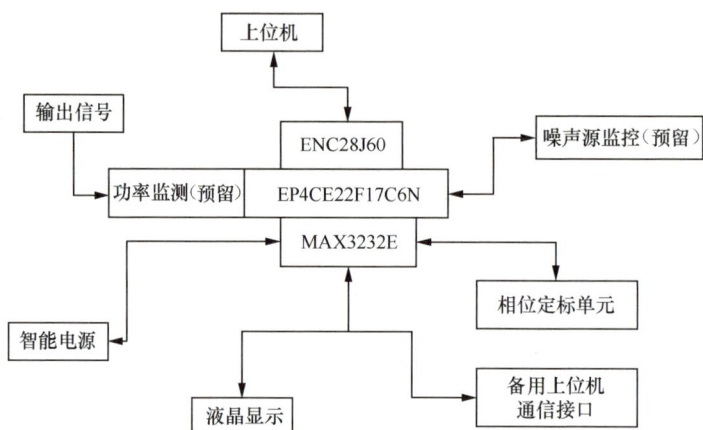

图 3.36　智能电源与监控单元功能结构

图 3.37　智能电源与监控单元插箱内部结构

监控单元包含本地 / 远程切换开关（在本地）、两个射频链路独立的供电总开关、一个噪声源的供电开关（预留）、一个噪声源工作状态的控制（预留）。除本地 / 远程切换开关，上述控制功能在本地和远程都能实现。

FAST 70 ～ 140MHz 接收机系统的机械结构分为三个主要部分：馈源组件位于底部，上面连接一个常温微波单元插箱和一个智能电源与监控单元插箱。常温微波单元插箱内包含电光转换组件，直接输出光信号，与监控单元的光信号一起通过 3km 的光缆传送至总控机房，接入电光转换组件，再通过数字采样卡获得观测信号。

图 3.38 所示为低频馈源实物，底部包括馈源、射频输出。顶部有两个单元插箱，分别是常温微波单元插箱和智能电源与监控单元插箱。所有信号和控制指令均通过光缆传输到总控机房。

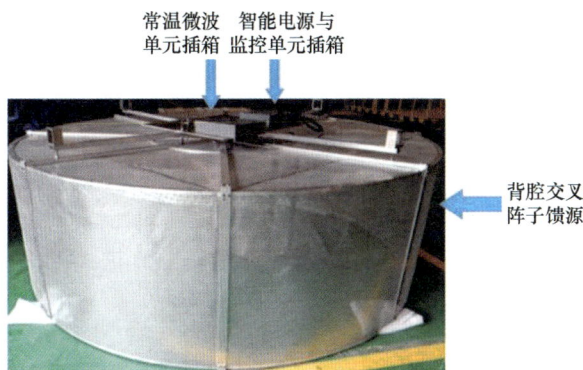

图 3.38　低频馈源实物

馈源两个极化方向（p1 和 p2）的 S 参数测试结果如图 3.39 所示，基于图中的红色和蓝色实线可得到两个极化方向的反射损耗，基于绿色实线可得到两个极化方向的隔离度。在 70 ～ 140MHz 频段内，一个极化方向上的反射损耗大于 10dB，另一个极化方向的接近 10dB。两个极化方向的隔离度在该频段内的平均值均大于 30dB。

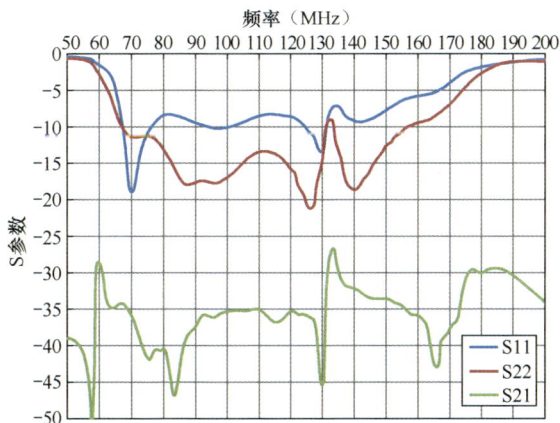

图 3.39　馈源两个极化方向的 S 参数测试结果

70 ～ 140MHz 接收机噪声温度测试原理如图 3.40 所示。

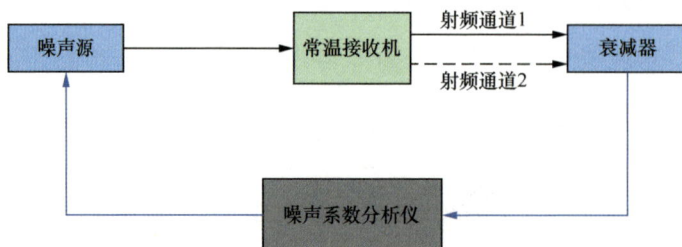

图 3.40　70 ～ 140MHz 接收机噪声温度测试原理

B01 和 B02 接收机的噪声温度测试结果见表 3.13。

表 3.13　B01 和 B02 接收机噪声温度测试结果

接收机序号	工作频段（MHz）	偏振 A 噪声温度（K）	偏振 B 噪声温度（K）
B01	70	41.74	37.11
	80	41.13	36.36
	90	42.35	36.51
	100	42.05	36.96
	110	39.30	35.24
	120	39.46	34.11
	130	37.72	32.55
	140	35.24	31.88
B02	140	28.13	32.77
	150	25.35	28.56
	160	24.48	26.37
	170	26.01	30.40
	180	27.76	31.51
	190	30.33	33.67
	200	30.92	33.22
	210	31.66	34.79
	220	32.11	35.76
	230	32.11	37.26
	240	33.82	36.81
	250	31.88	35.84
	260	32.77	37.94
	270	32.62	37.64
	280	34.56	35.99

70 ～ 140MHz 接收机噪声温度测试结果如图 3.41 所示。测试结果表明，接收机两个通道的噪声温度均低于 40K。

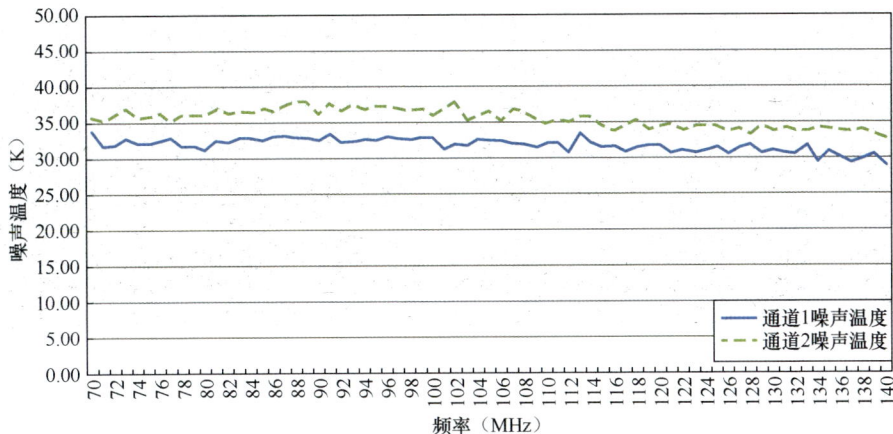

图 3.41　70 ～ 140MHz 接收机噪声温度测试结果

70 ～ 140MHz 接收机增益测试结果如图 3.42 所示，两个通道的增益均大于 78dB，增益变化小于 1.5dB。

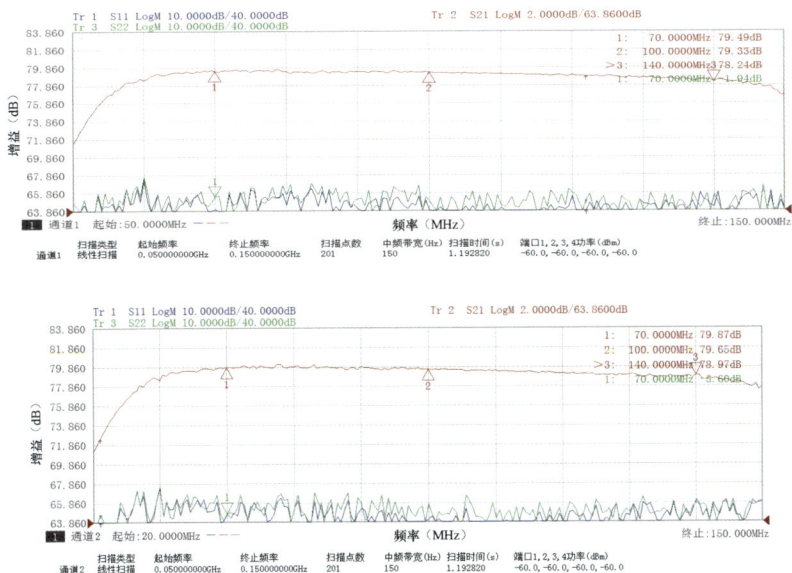

图 3.42　70 ～ 140MHz 接收机增益测试结果（上图通道 1 和下图通道 2）

70 ～ 140MHz 接收机输出频谱如图 3.43 所示，接收机射频电路频率覆盖满足 70 ～ 140MHz 的设计要求。

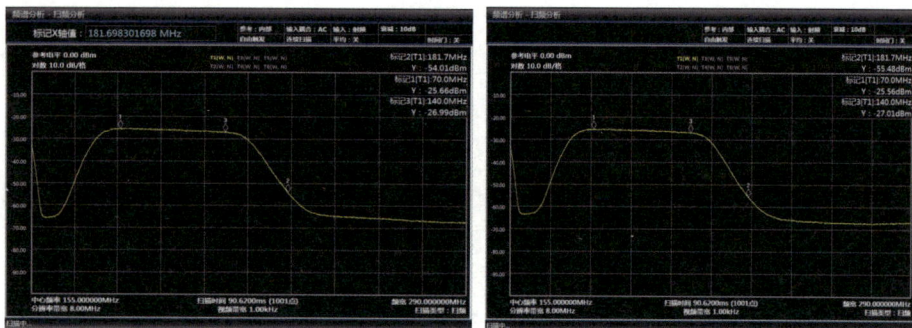

图 3.43　70 ～ 140MHz 接收机输出频谱（左通道 1 和右通道 2）

FAST 低频常温接收机研制完成了两套低频馈源及电路设计、加工及组装、测试等。低频常温接收机实现了对 70 ～ 140MHz 及 140 ～ 280MHz 频段的覆盖，接收机两个偏振的噪声温度均低于 40K，两个通道的增益均大于 78dB，增益变化小于 1.5dB。两套接收机两个极化方向的隔离度在频段内的平均值均大于 30dB，满足 FAST 低频观测的技术要求。

3.2.2　超宽带接收机

FAST 超宽带接收机覆盖 270 ～ 1620MHz 频段，为部分制冷接收机，由馈源、低噪声放大器（制冷部件）、射频电路、校准噪声单元、电源及监控模块等组成（见图 3.44），主要用于 FAST 调试及早期科学观测。超宽带接收机由 FAST 团队与美国加州理工学院电子工程系联合研制，2016 年 9 月完成了在 FAST 上的安装调试，投入科学观测。超宽带接收机为 FAST 应用的第一套天文接收机，其 6：1 的超宽频带使 FAST 具备在低频段进行实时时间频率覆盖观测的能力，提高了望远镜对脉冲星的发现效率。

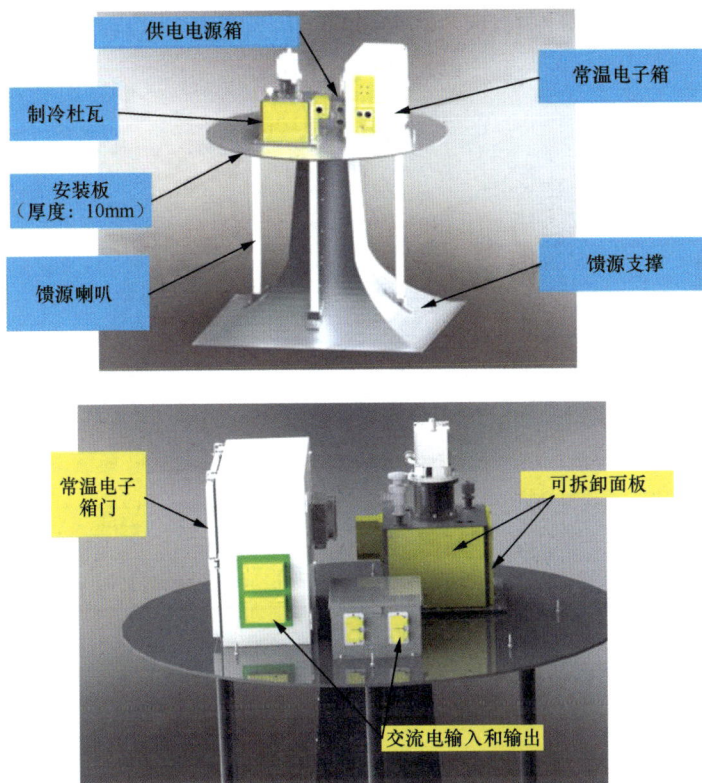

图 3.44　超宽带接收机系统及微波电子部分示意

超宽带接收机馈源采用方形四脊喇叭形式，尺寸约为 1.45m×1.45m×1.2m。因它工作于较低频率，对应的波长较长，馈源开口尺寸很大，无法用制冷杜瓦对其制冷，因而馈源工作于常温下。该馈源的 S 参数如图 3.45 所示。

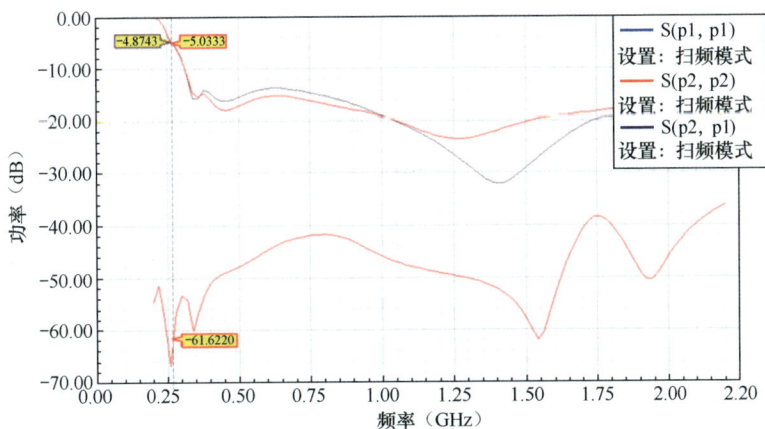

图 3.45　270～1620MHz 四脊喇叭馈源的 S 参数

270 ～ 1620MHz 四脊喇叭馈源辐射方向图和仿真口径效率如图 3.46 和图 3.47 所示。

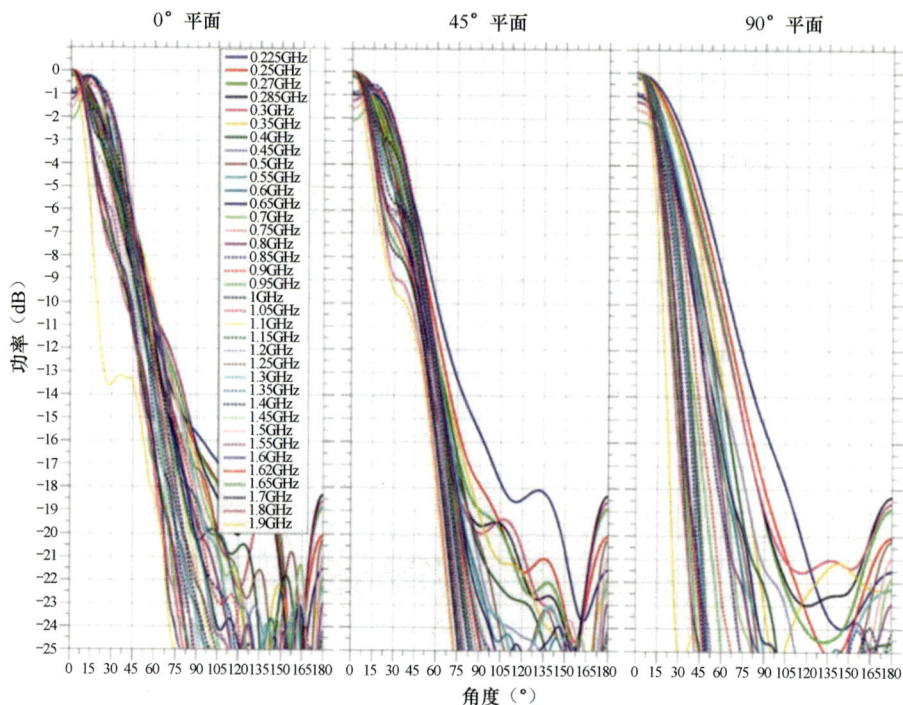

图 3.46 270 ～ 1620MHz 四脊喇叭馈源辐射方向图

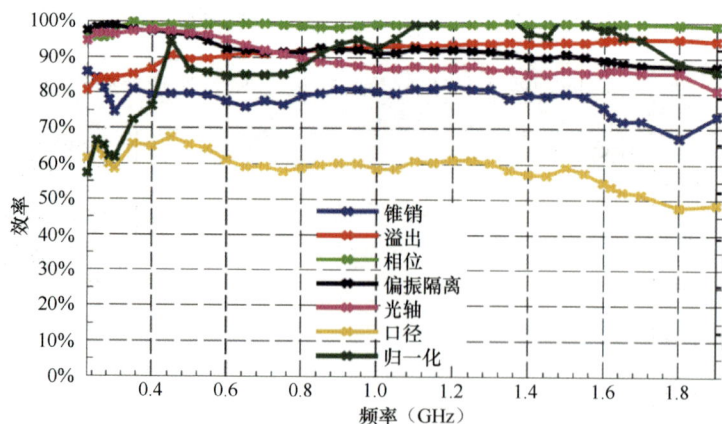

图 3.47 270 ～ 1620MHz 四脊喇叭馈源仿真口径效率

超宽带接收机的制冷系统电路如图 3.48 所示。该接收机包含低噪声放大器、高通滤波器、噪声二极管以及温度和真空监控单元等。系统的功能为将接收到的天文信号低噪声放大。监控单元为接收机低温微波器件提供正常工作的电压，实现接收机的远程监视与控制功能。制冷杜瓦采用方形结构，三个面板可以拆除，便于维护、维修，如图 3.49 所示。低温微波单元作为接收机的核心单元，可实现整个系统对噪声、温度的要求，其性能决定接收机系统的观测效率。

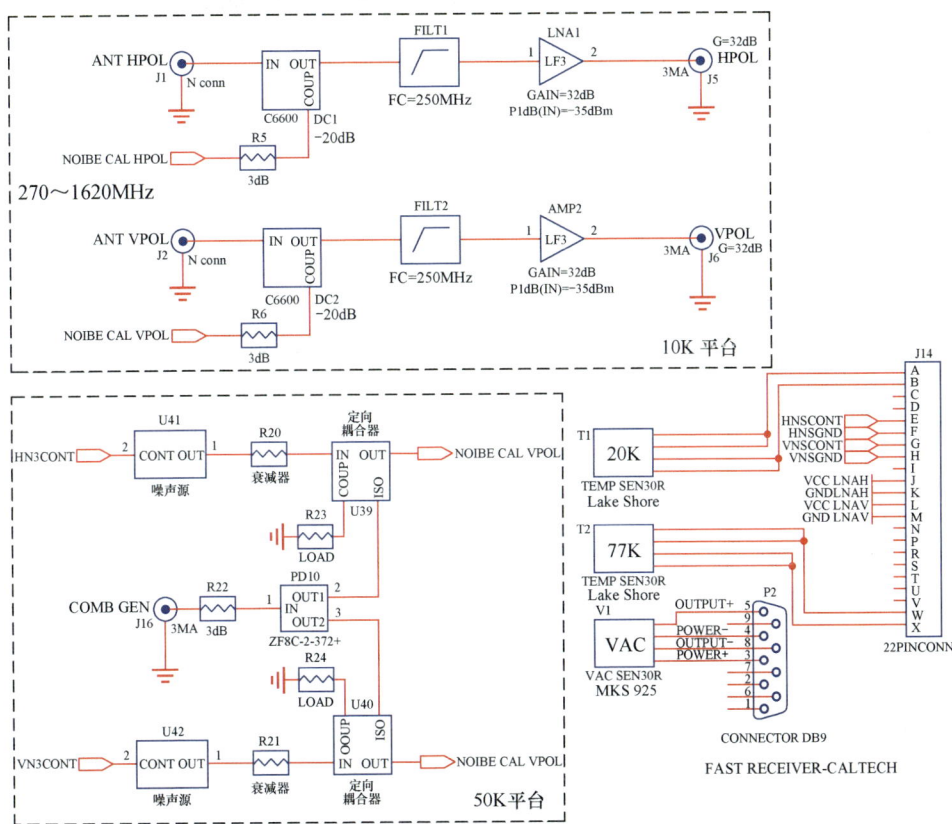

图 3.48　超宽带接收机制冷系统电路

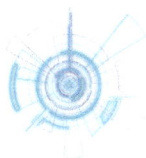

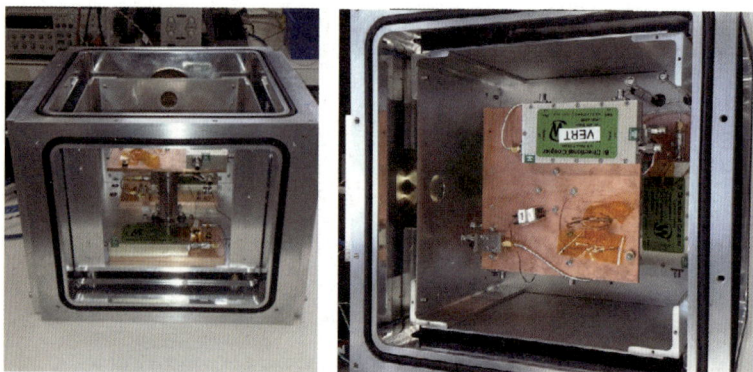

图 3.49　超宽带接收机制冷杜瓦内部结构及其内部冷板

接收机制冷系统由 CTI350 冷头提供二级制冷，一级冷板温度为 50K，为噪声注入单元提供制冷；二级冷板温度为 10K，为制冷放大器、定向耦合器提供制冷。

超宽带接收机常温部分由隔离器、后级放大器、滤波器、功分器、光发射机、衰减器与射频电缆组件组成。超宽带接收机常温接收机射频电路如图 3.50 所示。常温接收机第一级射频放大器将从第一级制冷放大器传输而来的信号进一步放大，因处于放大系统的第二级，所以并不要求噪声温度极低。第一级射频放大器之后为线圆转换器，通过射频开关和 90° 移相器实现，功能上可以将线偏振馈源传递而来的信号转换成圆偏振信号，为特殊天文观测提供圆偏振功能。线圆转换器之后为频分单元，将每个偏振通道分为宽带和窄带两个分路：宽带分路覆盖 270 ~ 1620MHz；窄带分路覆盖 1300 ~ 1620MHz。每个分路通过射频信号光传输单元传递至总控室，再由数字终端处理。

超宽带接收机制冷杜瓦由 CTI350 制冷机提供制冷，CTI350 制冷机冷头的热负载对温度曲线如图 3.51（a）所示。超宽带接收机制冷杜瓦降温曲线如图 3.51（b）所示。一级冷板从 300K 降温至 50K 共需 400min；二级冷板从 300K 初步降温至 10K 附近共需 210min，370min 后可稳定至 10K 左右。

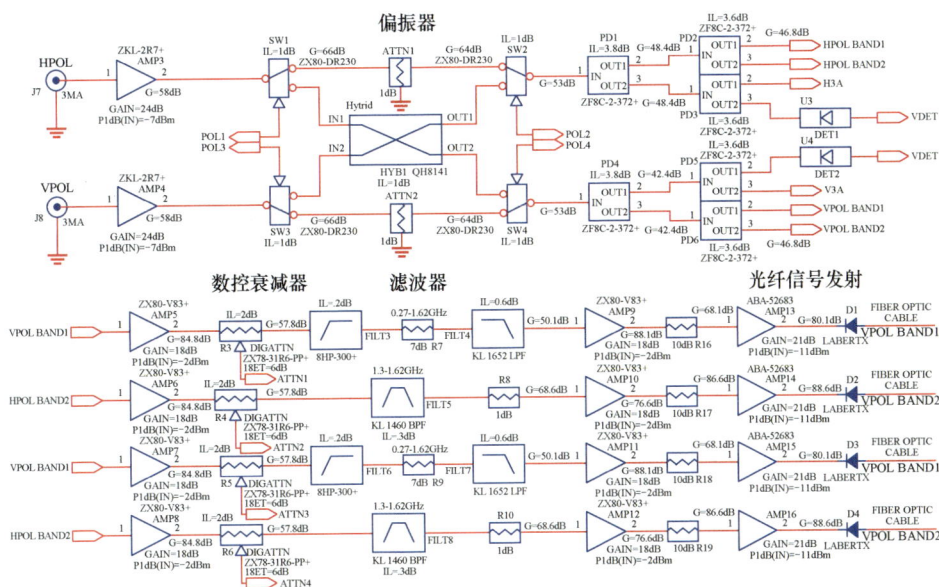

图 3.50　超宽带接收机常温接收机射频电路

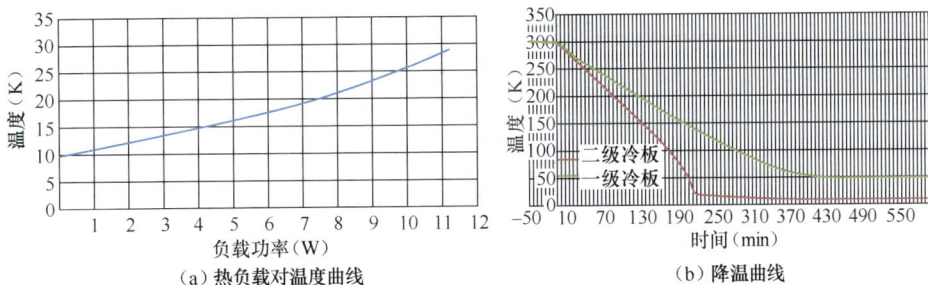

(a) 热负载对温度曲线　　　(b) 降温曲线

图 3.51　CTI350 制冷机冷头的热负载对温度曲线及接收机制冷杜瓦降温曲线

超宽带接收机制冷放大器采用美国加州理工学院研制的 CITLF 系列放大器，其在低温（20K）下的全频段噪声温度小于 5K，增益大于 34dB，如图 3.52 所示。

超宽带接收机常温射频电路及带通测试结果如图 3.53 所示。接收机可进行宽带信号输出及窄带信号输出。

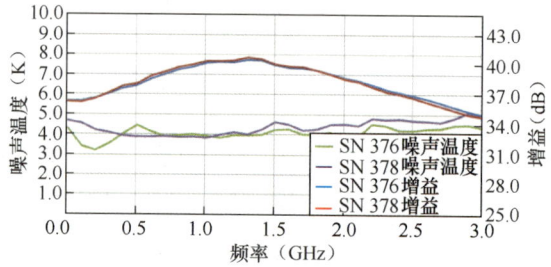

图 3.52　超宽带接收机制冷放大器实物及低温下的增益和噪声温度

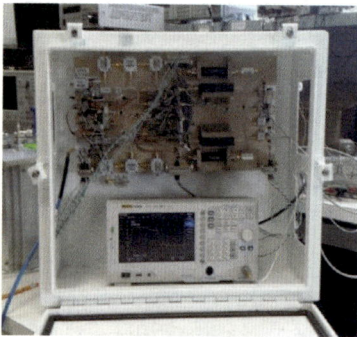

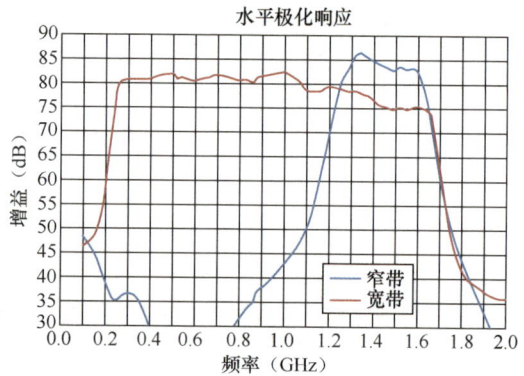

图 3.53　超宽带接收机常温射频电路及带通测试结果

超宽带接收机噪声温度测试方案及测试结果如图 3.54 所示，其中参考面为制冷杜瓦同轴输入口，噪声温度测试利用噪声系数分析仪完成。由于接收机射频电路增益较大，为防止接收机输出功率超出噪声系数分析仪的工作范围，在接收机后加入衰减器。

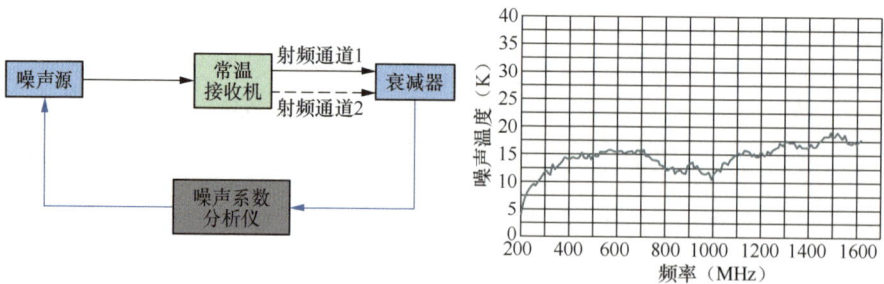

图 3.54　超宽带接收机噪声温度测试方案及测试结果

超宽带接收机具有增益调整功能,增益调整范围为 0 ～ 16dB(见图 3.55 中不同颜色曲线),宽带信号和窄带信号测试结果如图 3.55 所示。

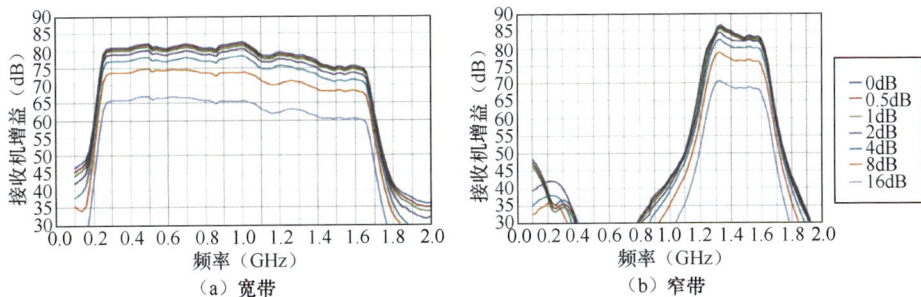

图 3.55　超宽带接收机增益测试结果

安装完成的超宽带接收机如图 3.56 所示。

图 3.56　安装完成的超宽带接收机

超宽带接收机实现了对 270 ～ 1620MHz 的频率覆盖。接收机射频电路的噪声温度低于 20K,接收机增益可调,最高增益大于 70dB,满足技术要求。

3.2.3　P 波段、L 波段与 S 波段接收机

P 波段、L 波段与 S 波段接收机均为制冷单波束接收机,分别覆盖 560 ～ 1020MHz、1200 ～ 1800MHz 和 2000 ～ 3000MHz 频段。这 3 套接收机由 FAST 团队基于国内技术自主研制完成,3 套接收机的设计和系统构成基本一致,均采用馈源及低噪声放大器制冷的方式以获取较低的接收机噪声温度。下面以 L 波段接收机为例,介绍制冷单波束接收机的研制过程及其系统组成和性能。

　　L 波段接收机用于在 FAST 工程中接收 L 波段脉冲星、中性氢等天文目标发出的射电信号，安装在 FAST 馈源舱内，将主反射面汇聚的射电信号进行极低噪声放大、滤波、选频以及增益控制等处理，并通过电光 / 光电转换将射频信号从馈源舱传输至地面数字终端，进行后续处理。接收机主要由馈源、低温微波单元、常温微波单元、标校信号注入单元以及智能电源与监控单元等部件组成，如图 3.57 所示。研制过程注重设计合理性、运行可靠性和指标先进性，L 波段接收机详细指标如表 3.14 所示。

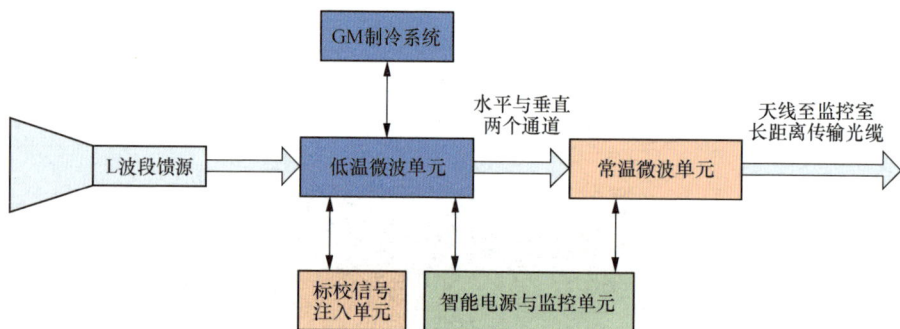

图 3.57　L 波段接收机系统结构

表 3.14　L 波段接收机详细指标

指标名		指标值 / 要求
制冷单元	制冷部件	正交模耦合器、低噪声放大器
	二级平台温度（K）	≤20
	一级平台温度（K）	≤70
	降温时间（h）	≤24
	杜瓦外形及侧壁安装要求	方形，至少 1 个侧壁可以拆卸
微波单元	输入频率范围（GHz）	1.2 ～ 1.8
	输入端口形式	馈源口面
	极化器形式	双线极化
	接收机噪声温度（K）	≤10
	增益（dB）	≥60

续表

指标名		指标值 / 要求
微波单元	增益平坦度（dB）	≤2
	输出 1dB 压缩点（dBm）	≥10
远程监控单元	监视内容	一级和二级冷板温度，杜瓦真空度，制冷放大器偏置电压和电流，标校信号状态
	控制内容	标校信号控制，增益控制
标校信号注入单元	噪声注入量	包含两档噪声注入量，1K 和 10K；采用同源噪声为两个偏振接收机通道提供噪声注入
	噪声注入模式	支持开、关、周期注入、外同步注入；注入开关需被噪声管噪声输出端控制；噪声开关响应时间 ≤1μs；注入开关最高频率≤200kHz
	标校信号注入单元恒温保持	采用恒温平台保持注入温度稳定性，提供软件检测恒温功能
馈源	工作频率（GHz）	1.2 ～ 1.8
	反射损耗（dB）	≥20
	交叉极化耦合度（dB）	≥25

低温微波单元是接收机的核心部分，包括微波真空窗、隔热组件、正交模耦合器、低温低噪声放大器以及低温射频电缆等，封装在一个真空杜瓦内，由制冷系统提供极低温的工作环境。OMT 与低温低噪声放大器等器件工作在 20K 平台，用于接收 1.2 ～ 1.8GHz 射电信号（信号被分为水平线和垂直线极化信号），实现极低噪声放大功能。

微波真空窗是接收机的一个重要部件，窗口要有较高的强度和较强的密封性能，承受大气压强差，保持真空腔体的真空度；同时又要有较低的微波损耗，能实现良好的匹配，其结构如图 3.58 所示。

在 L 波段内采用成熟的聚酰亚胺和聚四氟乙烯双层薄膜密封，并采用泡沫支撑的结构。这种形式的真空窗在 X 波段、Ka 波段的接收机设计中得以应用，C 波段和 X 波段的真空窗在实际测试中的插入损耗小于 0.03dB，应用于 L 波段时真空窗的插入损耗应为 0.01 ～ 0.02dB。

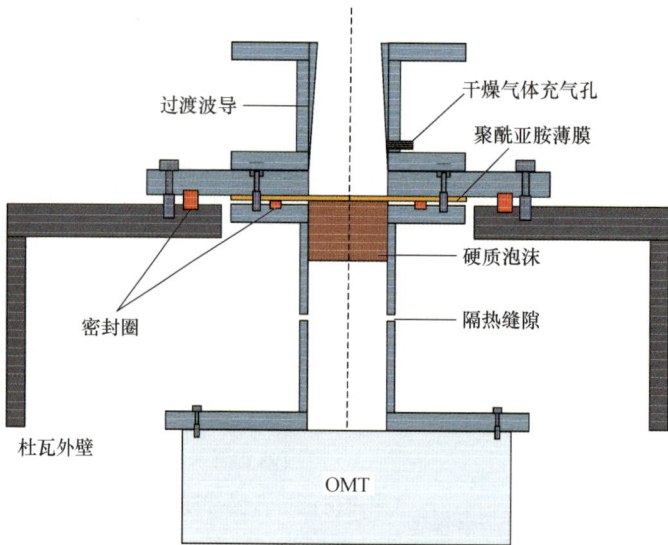

图 3.58　微波真空窗结构

　　由于冷板（20K）与真空窗（300K）的温差很大，在低温平台的内外器件连接时，采用一般波导传输会有很大冷量损失，同时引起真空窗结霜和结冰，影响制冷接收机的使用。因此要求真空窗与极化器输入之间的连接波导不仅能实现端口接口匹配，又要有隔热功能，同时在窗外侧圆形过渡波导处增加一个干燥气体充气孔，从而不断地向圆形过渡波导内充入干燥气体，降低微波真空窗处结冰或者结霜的风险。

　　L 波段接收机采用隔热缝隙圆形过渡波导，微波真空窗温度云图及应力变形情况仿真结果如图 3.59 所示。

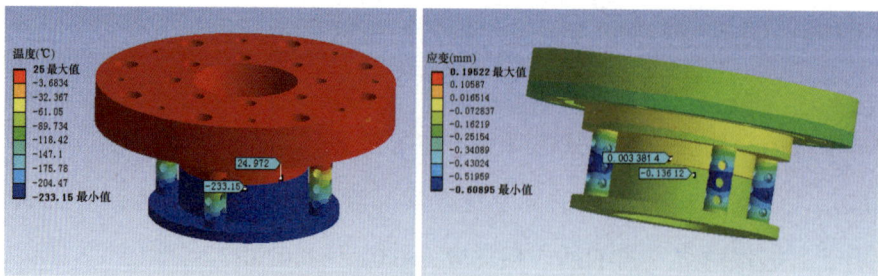

图 3.59　微波真空窗的温度云图及应力变形情况仿真结果

采用缝隙波导结构需要考虑的物理量有波导材料的线膨胀系数、支撑材料的热导率和线膨胀系数。从图 3.59 可以看到端面的收缩量为 0.1mm 左右。

杜瓦真空室内气体量的增加包括密封部位的漏气量、通过真空室壁渗透的气体量和材料的出气量这几部分。通过真空室壁渗透的气体量相对其他两项很小，可以忽略不计。材料出气率是温度和时间的函数，杜瓦在密封抽真空、无新漏孔出现的情况下，漏气率为恒定值。漏气率对杜瓦真空室真空度的影响由式（3.3）表示：

$$Ft = V\Delta P \tag{3.3}$$

式中，F 是杜瓦真空室的总漏气率，t 为经历时间，V 为杜瓦总容积，ΔP 为杜瓦真空室内气体压强变化量。杜瓦在抽气制冷后可以看作一个静态的真空系统，为了保持低温，要求在一定的时间间隔内系统的压强能维持在所允许的真空度以下。若要求在存放时间 t 内杜瓦内气体压强不超过 P_i，则式（3.3）可以转化为：

$$(P_i - P)\frac{V}{t} \geqslant F \tag{3.4}$$

任何固体材料在大气环境下都能溶解、吸附一些气体。当材料置于真空中就会因解溶、解吸而出气。对于真空杜瓦来说，材料是最主要的气源。材料出气率除与材料性质有关，还和材料的制造工艺、贮存状况有关。预处理工艺对材料出气率的影响也很大，因此使用材料时必须考虑这些情况。

L 波段接收机中的杜瓦腔体材料采用 5A06 铝镁合金，其中镁的含量高达 7%，材料的强度和抗蚀性好，综合性能好，内应力较小。在半精加工后采用 330℃ 左右的退火温度去应力。铝制低温杜瓦均采用 5A06 材料，采用薄壁高筋的轻质高刚度方案，采用大型铝锭高速铣削加工，材料本身的去除率高达 80%，加工过程中经历一次去应力退火工艺，加工完成后杜瓦腔体材料表面存在不同程度的油污染，利用丙酮溶液进行冲洗。对于清洁的

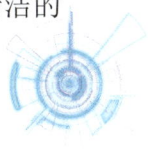

表面来说，表面粗糙度越低，其吸附的空气越少，所以杜瓦腔体材料还应通过化学抛光，使内表面的光洁度保持为 0.8 ～ 1.6。杜瓦在首次抽真空制冷之前需要在干燥氮气或空气中烘烤，使铝合金的表面形成一层密实的淡黄色氧化膜以减小吸附气体的出气率。必须对低温杜瓦进行特殊工艺处理，确保低温杜瓦的真空性能。

杜瓦内冷板及器件腔体材料采用无氧铜，加工完成后需要进行抛光、有机溶液清洗以及烘烤等工艺处理，经处理后无氧铜的出气率达到 $1.9 \times 10^{-9} Pa \cdot L/(s \cdot cm^2)$。经处理后铝合金的出气率为 $4.3 \times 10^{-9} Pa \cdot L/(s \cdot cm^2)$，均能满足结构对出气率的要求。

杜瓦加工完成再经高真空排气后，在各个密封接口处将氟橡胶圈放置在矩形真空密封槽中做静态密封。氟橡胶是一种耐高温、耐各种介质的密封材料。各种气体在维通型氟橡胶中有较小的扩散速率和较大的溶解度，橡胶透气性很弱，在高温、真空中的出气率很低（$2.6 \times 10^{-7} Pa$ 下的质量损失为 2.3%），可用于 $10^{-5} ～ 10^{-7} Pa$ 的真空密封，采用双 O 型密封圈结构烘烤加冷却的方式可实现 $10^{-8} Pa$ 的超高真空。L 波段接收机杜瓦的三个面与真空抽气口均采用 26–41 型氟橡胶圈进行密封。26–41 型氟橡胶圈含氟量高达 50%，耐油性好、耐热性优良、出气率低，高温形变值仅为 14%，压缩松弛系数为 0.75，常温下的出气率（抽气 1h）为 $6.7 \times 10^{-6} Pa \cdot L/(s \cdot cm^2)$。密封圈应表面光滑，不应有气孔、裂纹、杂质等缺陷，厚度不均匀性参数应在厚度公差范围之内。

为了保证真空密封，通过杜瓦侧面板的固定螺钉给密封圈、封垫圈施加一定的预压力，随着杜瓦内真空度变低、压强变大，密封圈的漏气率会进一步降低。通过测试验证了氟橡胶圈在密封时的压缩量约为 15%，渗透系数小于 $10^{-7} Pa \cdot L/s$。杜瓦顶面与两个侧面、真空规、真空抽气口、SMA 射频密封接头和电源密封接头等处均采用密封圈密封，漏气率满足杜瓦长期工作的需要。

室内常温微波单元包括后级放大器、滤波器、数控衰减器等，如图 3.60

所示。将低温微波单元输出的信号再次放大并进行滤波和衰减控制，经光缆传输至观测室后送入数字终端。低温微波单元留有标校信号注入的射频端口，将标校信号注入单元产生的噪声与相位定标信号注入接收机内。

低温微波单元作为接收机的核心单元，可实现整个系统对噪声温度的要求，其性能决定接收机系统的观测效率；标校信号注入单元为接收机系统注入所需的定标信号，用来确定系统的噪声变化以及引导终端信号处理；智能电源与监控单元提供接收机所需要的直流电，并监视接收机的工作状态；制冷单元为低温微波单元杜瓦内制冷部件提供 77K 与 20K 的制冷环境。

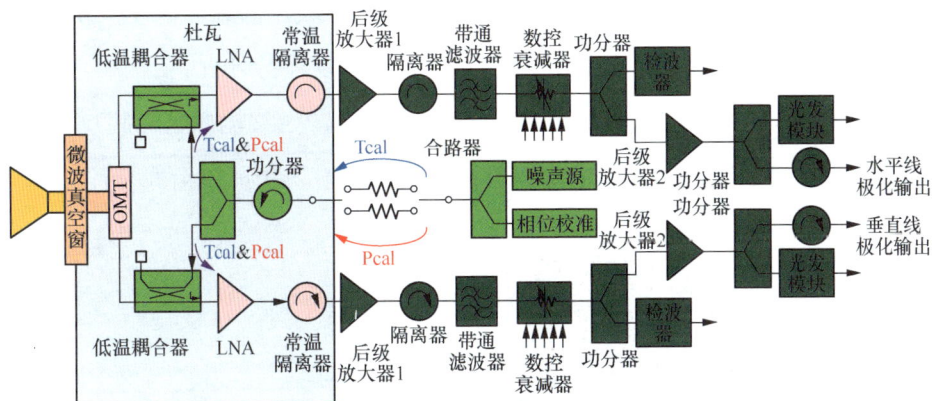

注：Tcal 代表噪声温度校准，Pcal 代表相位校准。

图 3.60　室内常温微波单元和低温微波单元结构示意

采用极化器制冷的方式，L 波段接收机噪声温度为 8.5K，增益为 71.6dB；指标分配能满足系统的指标要求。为了实现系统噪声温度指标，需要对低温微波单元所有部件做详细的设计计算，同时在设计时还要充分考虑杜瓦、GM 制冷机是否能提供适合的真空度来保证器件的工作环境。接收机射频的工作带宽为 600MHz，此频段内天空背景亮温度约为 15K，能够接收到的噪声功率为 –94.6dBm，射频链路总增益为 71.6dB；射频输出端口的噪声功率约为 –20.5dBm，而射频放大器的 1dB 压缩点大于 10dBm，所以接收机系统的射频链路不会饱和，接收机系统的增益与动态范围指标符合需求。

　　低温微波单元的制冷部件工作于 20K，外层加入温度为 77K 的冷屏以降低热辐射效率，进一步保证制冷部件的工作温度，整个低温微波单元封装在真空腔体（杜瓦）内。低温微波单元前端与 L 波段馈源相连，通过 OMT 将接收到的射电信号分为水平线极化与垂直线极化两路线极化信号，信号进入低温低噪声放大器，从而实现对射电信号极低噪声的放大，噪声与相位定标信号通过低噪声放大器前的 30dB 低温耦合器的耦合口注入接收信号链路中，然后射频信号经隔热电缆组件输出至杜瓦外侧的常温微波单元中进行后级放大。低温微波单元噪声温度指标决定了整个接收机系统的灵敏度，是整个接收机的最重要部分之一。为了确保低温微波单元的总体性能，下面将对单元内所有部件的技术指标进行设计与分析。

　　L 波段单波束低温接收机实物如图 3.61 所示，由共轭喇叭、制冷杜瓦、常温微波单元、校准单元、电源与监控单元、辐射防护屏等组成。

① 共轭喇叭
② 制冷杜瓦
③ 常温微波单元
④ 校准单元
⑤ 电源与监控单元
⑥ 辐射防护屏

图 3.61　L 波段单波束低温接收机实物

　　L 波段单波束低温接收机馈源辐射方向图测试（见图 3.62）在微波暗室内进行，方向图测试结果如图 3.63 所示。从测试结果看，馈源方向图在测试频段高度一致，说明辐射设计符合要求。

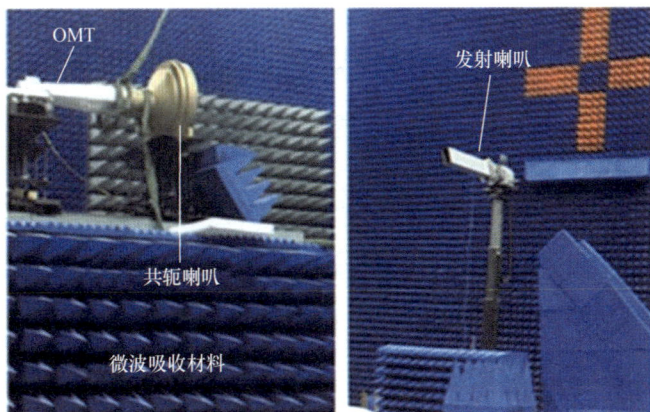

图 3.62　馈源方向图测试装置

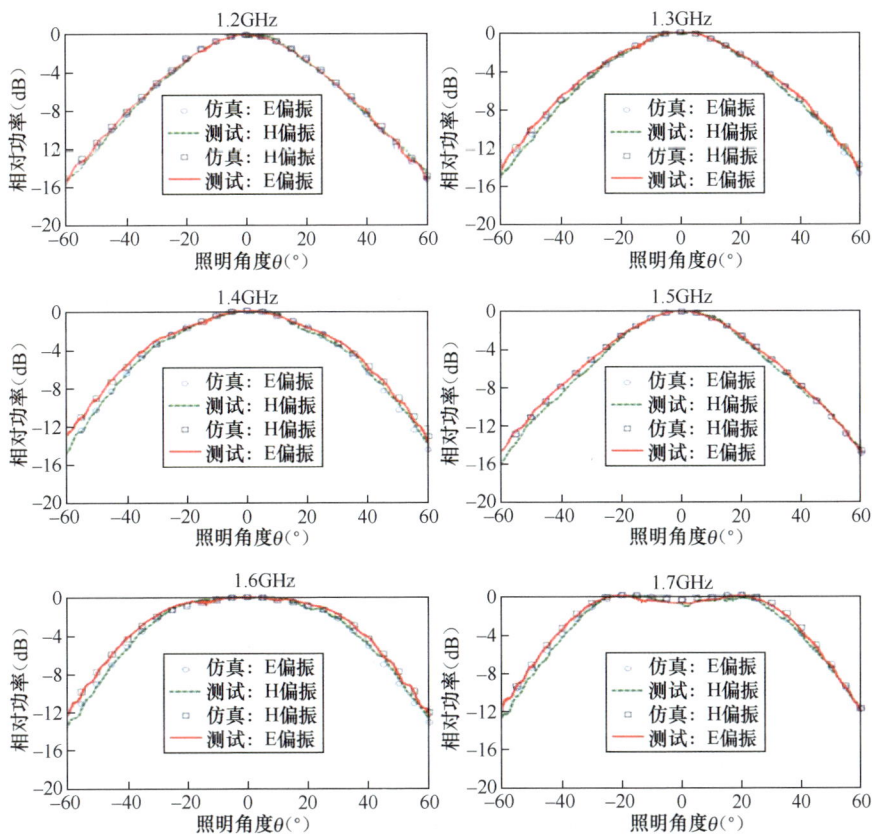

图 3.63　馈源方向图测试结果

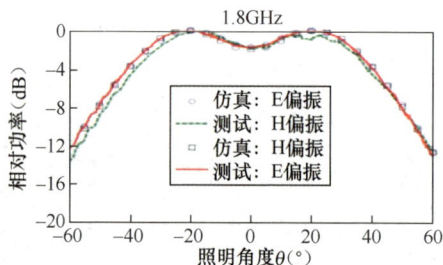

图 3.63　馈源方向图测试结果（续）

L 波段单波束低温接收机噪声温度测试结果如图 3.64 所示，结果显示，在 1.2 ～ 1.8GHz 频段内，接收机两通道平均噪声温度分别为 7.74K 和 7.85K，表明接收机具备优异的低噪声特性。L 波段单波束低温接收机射频电路具有增益调整功能，在不同增益设置下的接收机幅频响应测试结果如图 3.65 所示。可见，接收机具备 10 档增益调节功能，可有效应对不同的环境干扰电平，增益平坦度小于 1dB。

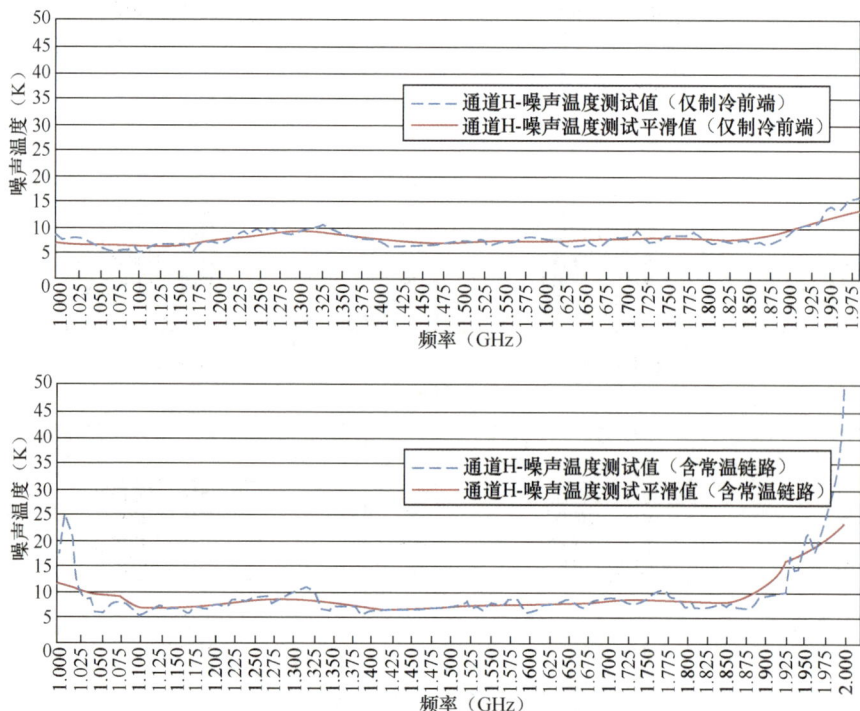

图 3.64　接收机噪声温度测试结果

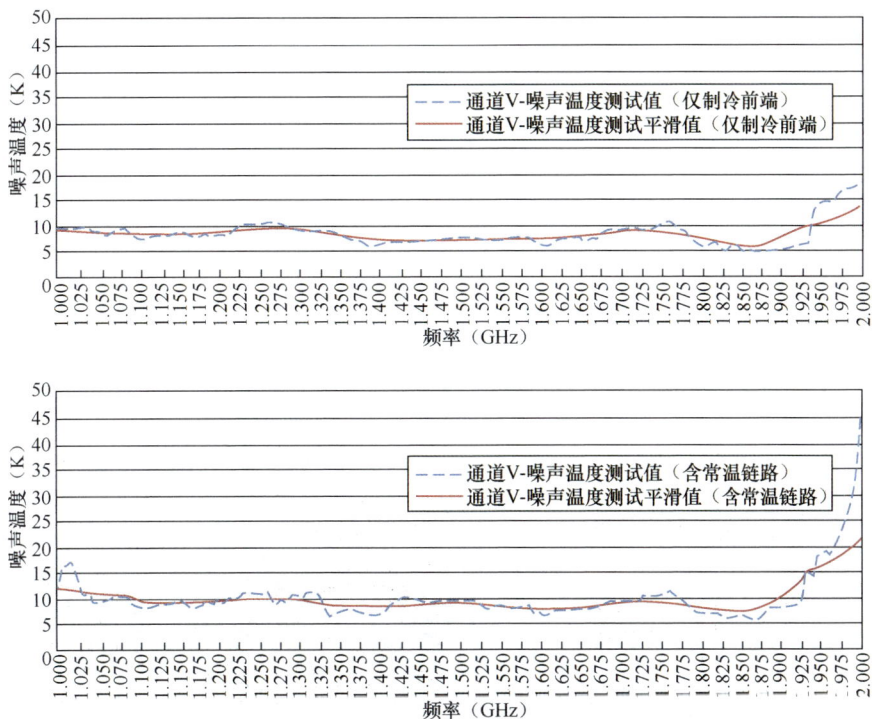

图 3.64　接收机噪声温度测试结果（续）

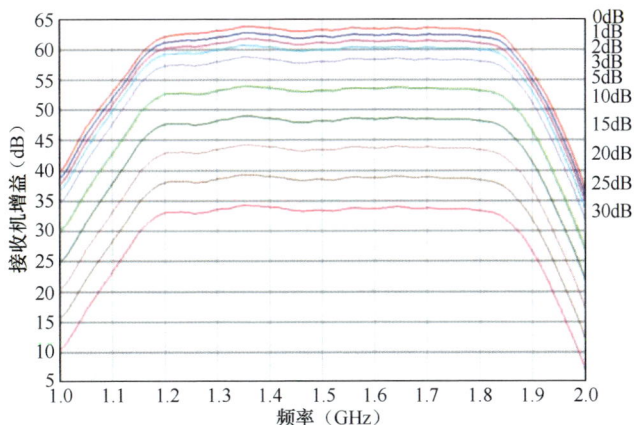

图 3.65　接收机幅频响应测试结果

　　L 波段单波束低温接收机噪声源注入测试情况如图 3.66 和图 3.67 所示，分别为校准噪声源注入测试、噪声源开关速度测试结果。

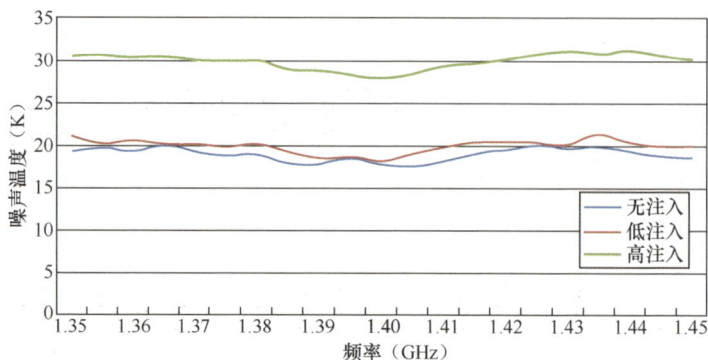

图 3.66　校准噪声源注入测试结果

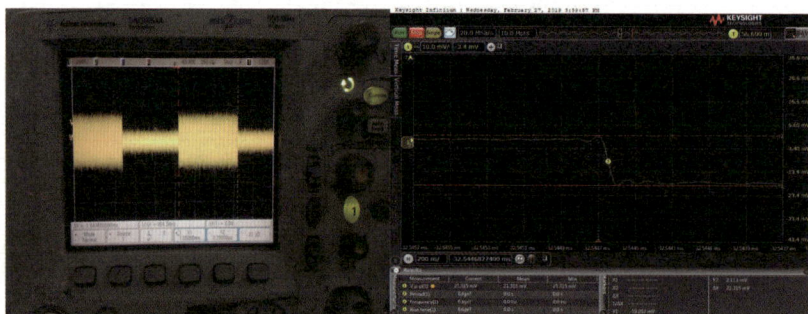

图 3.67　噪声源开关速度测试曲线与噪声源开关周期波形

　　P 波段、L 波段与 S 波段接收机完成了包含馈源、低温微波单元、常温微波单元、标校信号注入单元以及智能电源与监控单元在内的接收机研制及系统测试。这 3 套接收机实现了对 560 ～ 1020MHz、1200 ～ 1800MHz 和 2000 ～ 3000MHz 频段的覆盖，接收机的噪声温度均低于 10K，射频电路的增益具备调谐功能，最高增益大于 60dB。接收机两个极化方向的极化隔离度在各自频段内的平均值均小于 42dB，满足 FAST 观测的技术要求。

3.2.4　L 波段多波束接收机

　　FAST L 波段多波束接收机为 19 波束（制冷）接收机，其工作频率为 1050 ～ 1450MHz，由馈源及极化器、低温低噪声放大器、制冷杜瓦、射频电路、校准噪声电路、电源及监控模块等组成，主要用于大天区巡天和

高效脉冲星搜寻等观测。19 波束接收机由
FAST 团队与澳大利亚联邦科学与工业研究
组织合作研制，2018 年 6 月完成了在 FAST
上的安装调试，投入科学观测，为 FAST 主
要观测用接收机，如图 3.68 所示。

多波束接收机馈源系统是由 19 组相同
的馈源及极化器等单元组成的馈源阵列，阵
面呈六边形排列，如图 3.69 所示。每组馈
源系统从外到内依次包括真空窗、馈源喇
叭、噪声注入单元、隔热层、极化器等。馈
源阵面直径约 130cm，单个馈源口面直径约
20cm，相邻馈源中心相距约 27cm。

图 3.68　FAST 19 波束制冷接收机

馈源照明设计为高斯型，照明角为 56° 时，锥销电平约为 −10dB［见
图 3.70（a）］；馈源照明角在低频段略大，高频段略小。通过电磁仿真计算，
馈源结合 FAST 反射面的口径效率为 65% ～ 75%［见图 3.70（b）］。馈源极
化器采用四脊片形式，其输出为双线偏振，交叉偏振耦合度小于 30dB。

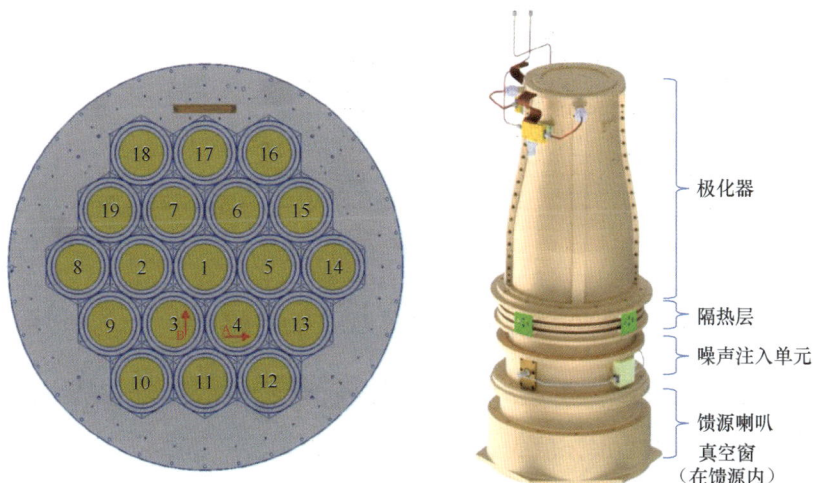

图 3.69　多波束接收机馈源阵面及单组馈源示意

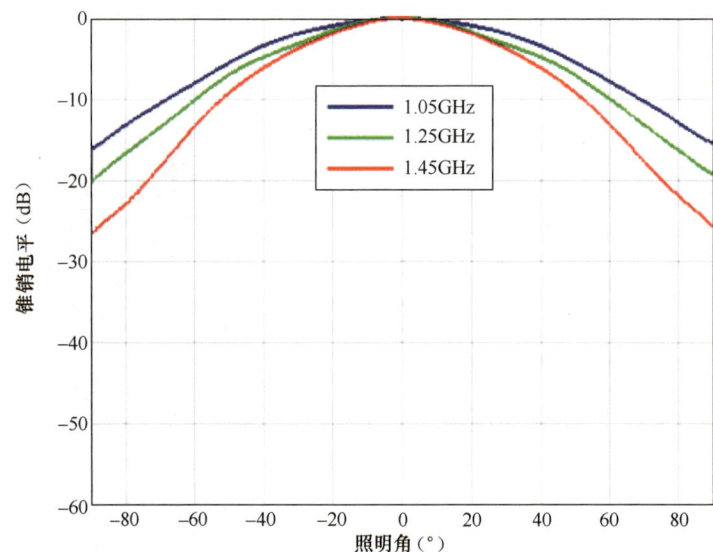

（a）方向图

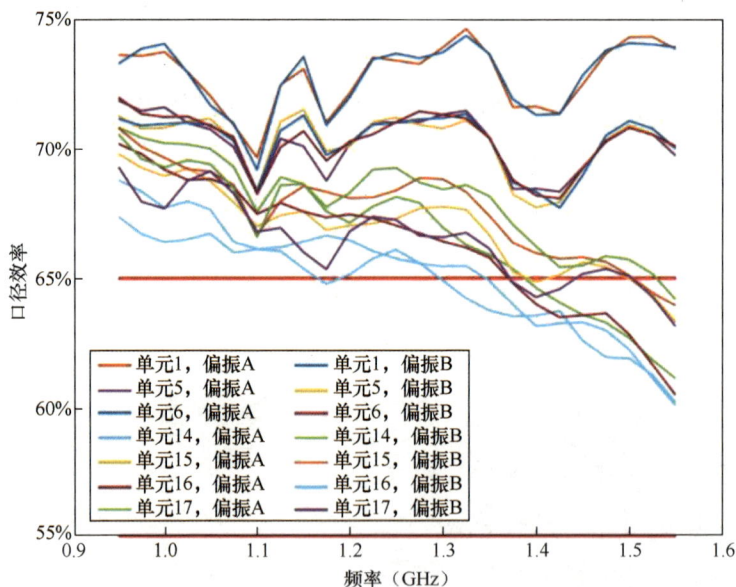

（b）口径效率

图 3.70　馈源测试方向图及口径效率仿真结果

多波束接收机第一级放大器采用低温低噪声放大器，正常状态下放大器的工作温度约为20K，放大器噪声温度约为4K。不同频率的低温低噪声放大器噪声温度测试结果如图 3.71 所示。射频电路由带通滤波器、放大器、可调衰减器等组成，接收机链路整体增益约为 80dB。多波束接收机系统噪声温度约为 17K，其中天线噪声温度约为 10K，馈源极化器及传输线损耗引起的等效噪声温度约为 3K，低噪声放大器等效噪声温度约为 4K。

19 波束接收机包含 19 个 L 波段接收单元，覆盖 1050 ～ 1450MHz 频段，可用于脉冲星巡天观测，其巡天效率是 L 波段单波束接收机的 19 倍左右。19 波束接收机采用三台制冷机制冷，杜瓦一级冷板温度为 65K，二级冷板温度为 15K，接收机噪声温度约为 8K（杜瓦口面为参考面），较低的接收机噪声温度可有效提升天文观测的灵敏度。接收机增益大于 60dB，通带增益起伏小于 2dB。该接收机输出的三阶截断功率为 17.8dBm，第一级低噪声放大器输出的三阶截断功率为 8.5dBm。

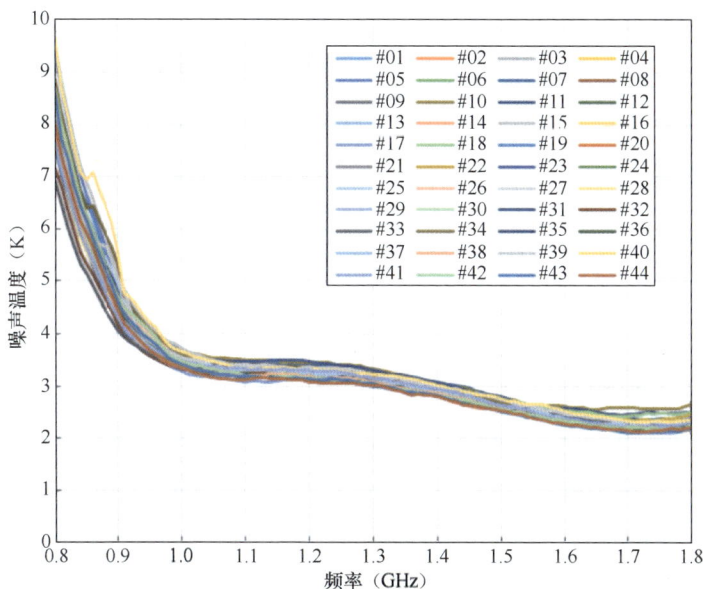

图 3.71　多波束接收机低温低噪声放大器（#01 ～ #44）噪声温度测试结果

19 波束接收机的每个接收单元包括两个线偏振通道，通过常温下的圆形馈源喇叭以及杜瓦内部 65K 温度下的 OMT 接收 FAST 反射面汇聚的天文信号，并通过增益为 35dB 的第一级低噪声放大器将前端传递来的信号放大。第一级低噪声放大器被制冷至 15K 的环境温度下，其等效噪声温度仅

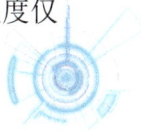

为 4K，有效地保障了整个 19 波束接收机处于非常低的系统噪声温度。19 波束接收机的常温微波电路采用集成化的贴片元件模式搭建，大大减小了微波电路的体积，整个 19 波束接收机共包含 38 个常温微波通道，以及大量的监控电路。如果采用传统的同轴模块微波元件，体积规模将非常庞大，很难在 FAST 有限的馈源舱空间内安装。采用高度集成化的电路搭建模式，有效地解决了体积过大的问题，同时增强了电路一致性、稳定性。19 波束接收机采用同源恒温噪声源，为 38 个微波通道提供两档噪声校准信号，分别为 1K 和 10K，前者用于天文观测流量校准，后者用于望远镜系统噪声校准测试。

19 波束接收机为当今世界上波束数目最多的天文接收机，超过了澳大利亚帕克斯射电望远镜的 13 波束接收机的波束数目，有效提升了 FAST 的巡天效率。此外，19 波束接收机在馈源、OMT 等多方面采用新的设计，保证了其在噪声温度、方向图等化、重量控制等方面的性能。

| 3.3　接收机与 FAST 联合性能测试 |

3.3.1　19 波束接收机与 FAST 性能

19 波束接收机是目前 FAST 观测应用最多的接收机，承担着绝大部分的天文观测任务。下面重点介绍 19 波束接收机与 FAST 的综合性能。射电望远镜系统测量的最终输出数据都是信号测试设备和仪器检测到的信号功率值，为了转换成天文上通用的射电源亮温度，需要对测量值进行标定，这样才能与其他射电望远镜的测量数据进行对比。

流量定标是通过输入噪声管的信号来实现的，流量定标之前要先对噪声管的信号强度进行标定。19 波束接收机自带的噪声管周期能够单独调节，实现与测量终端采样时间的同步。在进行噪声管定标时，一般采用的是高

强度（噪声温度约为 10K）的噪声信号，噪声温度随频率的变化曲线如图
3.72 所示。

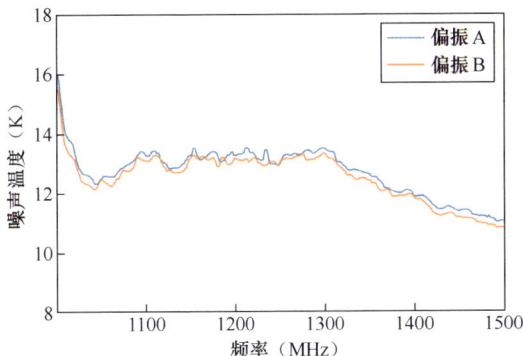

图 3.72　噪声温度随频率的变化曲线

　　测量 FAST 观测效率及灵敏度一般通过对已知流量密度的射电源（如
具有稳定流量的 3C286）进行观测来实现。通过对比测量的射电功率与理
想抛物面的功率就叫以获得 FAST 观测效率及灵敏度的信息。

　　对于流量密度为 S 的无偏振天空源，测量的天线噪声温度为 T_A，那么
有如下关系成立：

$$\frac{1}{2}SA_{\mathrm{eff}} = kT_A \tag{3.5}$$

式中，1/2 表示单偏振下测量的射电源总流量减半，k 为玻尔兹曼常数，A_{eff}
表示望远镜的有效面积。

　　估算 FAST 观测效率 η：

$$\eta = \frac{A_{\mathrm{eff}}}{A_{\mathrm{geo}}} \tag{3.6}$$

式中，A_{geo} 为望远镜的几何面积，$A_{\mathrm{geo}} = \pi(d/2)^2$。对于 FAST 来说，
d=300m 是实际的有效照明区域的直径。

　　对于 FAST 来说，η 可以分解为反映 FAST 性能的几个指标：

$$\eta = \eta_{sf} \cdot \eta_{bl} \cdot \eta_s \cdot \eta_t \cdot \eta_{misc} \tag{3.7}$$

式中，η_{sf}为反射效率，可以表征望远镜主反射面表面误差引起的反射效率损失，与反射面表面误差ε及观测波长λ相关。当反射面为理想抛物面时，即误差为0，可以认为$\eta_{sf}=1$；当反射面存在误差ε时，遵循Ruze方程$\eta_{sf} = e^{-\left(\frac{4\pi\varepsilon}{\lambda}\right)}$。$\eta_{bl}$是考虑了馈源舱遮挡的观测效率，近似等于1。$\eta_s$是照明溢损效率，指馈源照明在主反射面以外的部分的观测效率，可估算为96%。馈源照明效率η_t与馈源照明函数有关，当照明函数为高斯型，且照明角为56°、边缘照明为–13dB时，照明效率约为76%。η_{misc}为失配损失效率，代表馈源位置误差及馈源阻抗失配引起的观测效率损失。

FAST的灵敏度评价指标一般采用有效面积A_{eff}与系统噪声温度T_{sys}之间的直接比值R来评估，R与天文学上常用的系统等效流量密度（System Equivalent Flux Density，SEFD）成反比。R值越大，表明灵敏度越高。

$$R = \frac{1}{\text{SEFD}} = \frac{A_{eff}}{T_{sys}} \tag{3.8}$$

R是仅与FAST观测效率及系统噪声温度相关的一个物理量。由于FAST在指向不同的天空区域时使用的是不同的反射面，而且馈源舱的照明区域也发生了改变，因此可以预期R值会随不同天顶角指向的变化发生改变。

通过对连续谱点源的多次漂移扫描来获得以上参数随天顶角以及频率的变化。为了测试FAST在跟踪时的增益变化，第一天跟踪连续谱点源3C286，第二天跟踪3C286附近天顶角偏离8′的区域，结果如图3.73和图3.74所示。

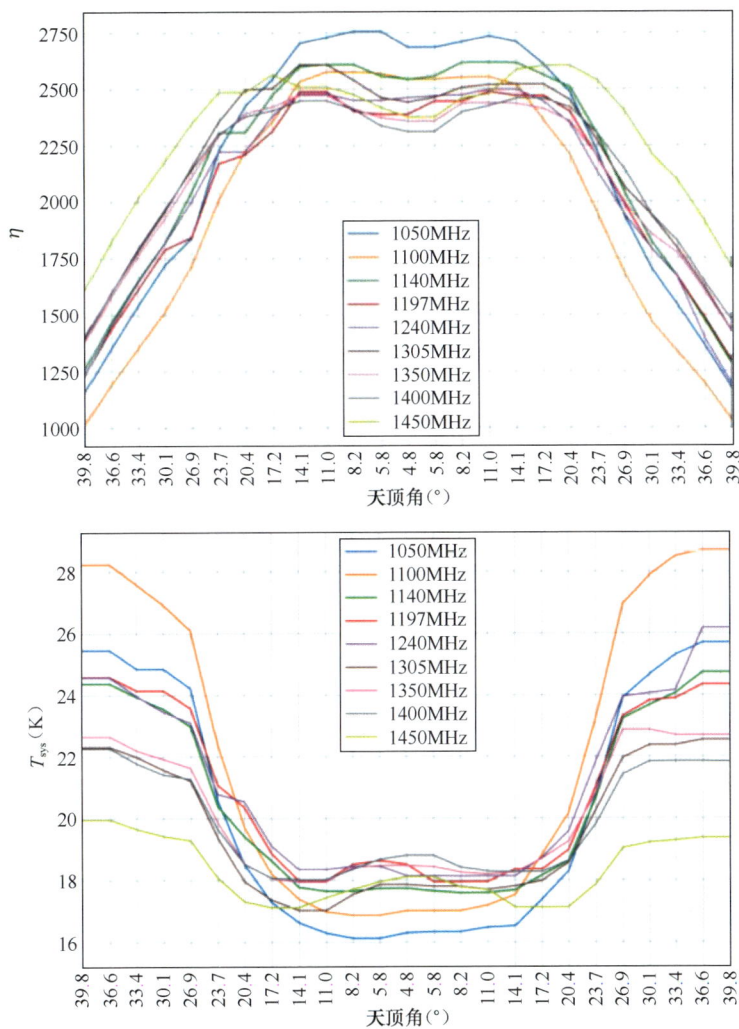

图 3.73　多次漂移扫描测量到的 R、T_{sys} 及 η 随频率及天顶角的变化

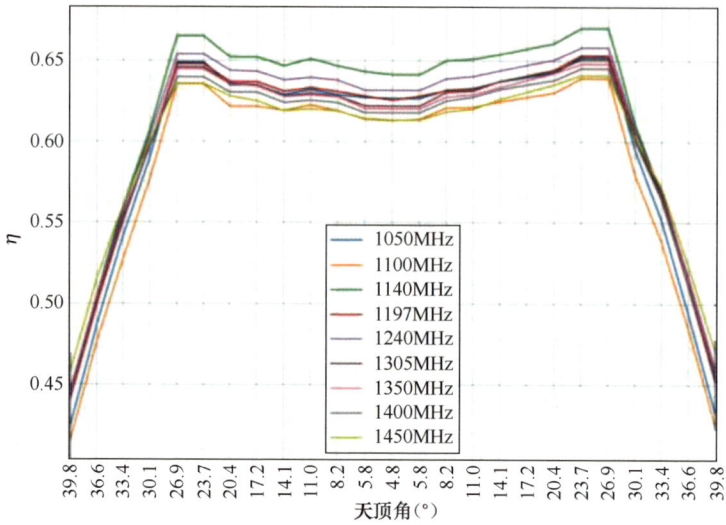

图 3.73 多次漂移扫描测量到的 R、T_{sys} 及 η 随频率及天顶角的变化（续）

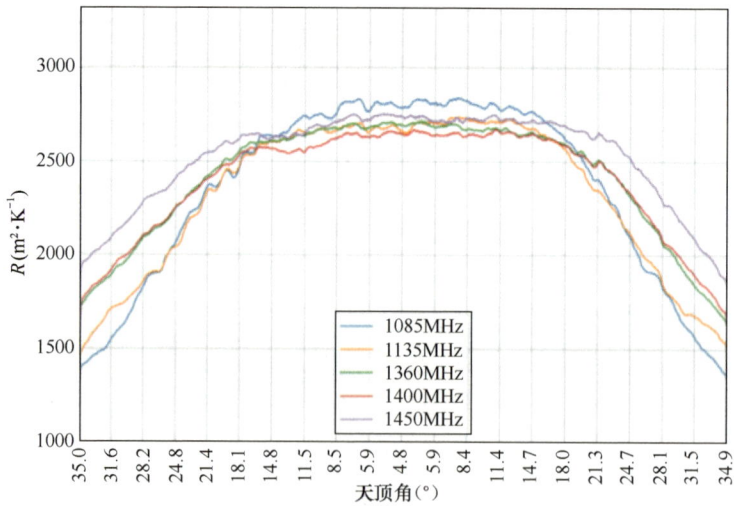

图 3.74 跟踪测量得到的 R、T_{sys} 及 η 随频率及天顶角的变化

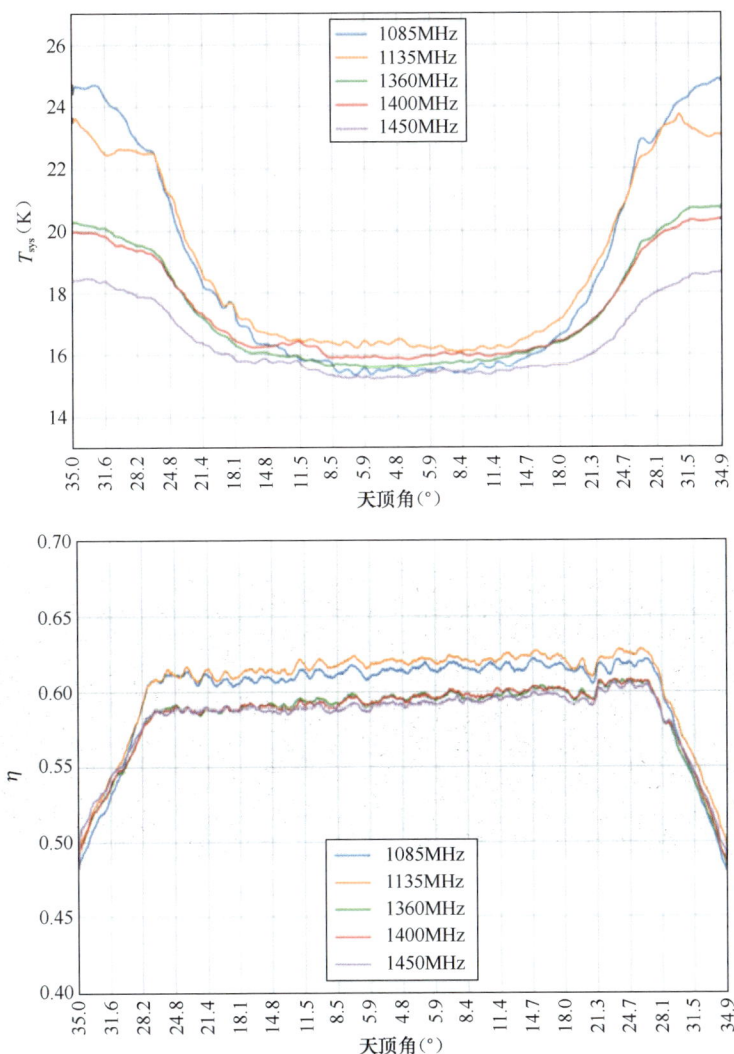

图 3.74　跟踪测量到的 R、T_{sys} 及 η 随频率及天顶角的变化（续）

3.3.2　70 ~ 140MHz 常温接收机与 FAST 性能

FAST 的观测频段可覆盖 70MHz ~ 3GHz，其中，70 ~ 140MHz 及 2000 ~ 3000MHz 频段的观测通过安装 70 ~ 140MHz 常温接收机和 2000 ~ 3000MHz 制冷接收机来实现。为了验证 FAST 在低频段和高频段的观测能力，FAST 团队进行了低频接收机和高频接收机观测的试验验证，

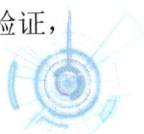

分别安装了 70 ～ 140MHz 常温接收机和 2000 ～ 3000MHz 制冷接收机在 FAST 下平台。

在安装 70 ～ 140MHz 常温接收机前,需要测试接收机带通特性和噪声温度,验证接收机工作状态正常。首先利用频谱分析仪测试接收机的带通特性,测试方案如图 3.75 所示,接收机带通特性测试结果如图 3.76 所示。

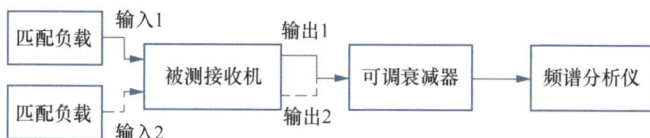

图 3.75　70 ～ 140MHz 常温接收机带通特性测试方案

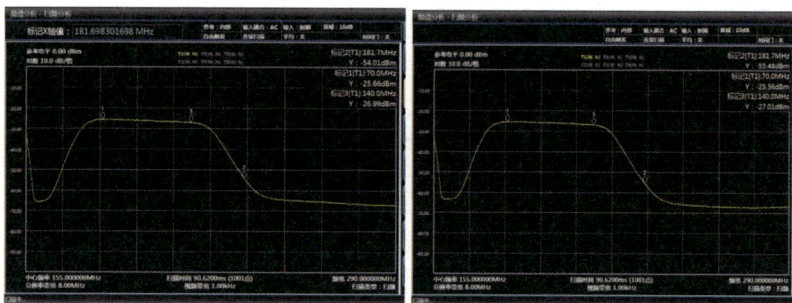

图 3.76　70 ～ 140MHz 常温接收机带通特性测试结果

70 ～ 140MHz 常温接收机在 FAST 上的安装示意见图 3.77。FAST 利用 70 ～ 140MHz 常温接收机对射电源 3C123 进行漂移扫描观测:启动 FAST 控制系统,控制形成预定指向的反射面,并把馈源相位中心控制到焦点位置;在射电源 3C123 到来前 10min 打开接收机及终端系统,开始记录观测数据及频谱数据,验证 FAST 在 70 ～ 140MHz 频段的观测功能,记录观测数据,处理数据得到观测结果,如图 3.78 所示。

FAST 在 2 ～ 3GHz 频段的观测功能通过望远镜和 S 波段接收机实现。S 波段接收机系统结构如图 3.79 所示,包含馈源、低温微波单元、常温微波单元、智能电源与监控单元等。

图 3.77　70 ～ 140MHz 常温接收机在望远镜上的安装示意

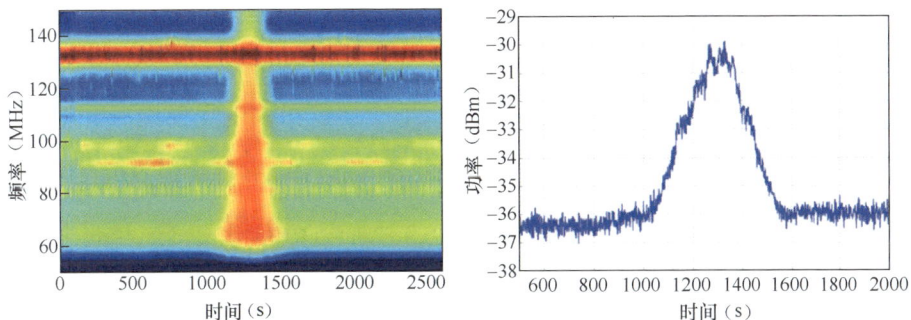

图 3.78　70 ～ 140MHz 常温接收机对 3C123 漂移扫描的频谱图及轮廓图

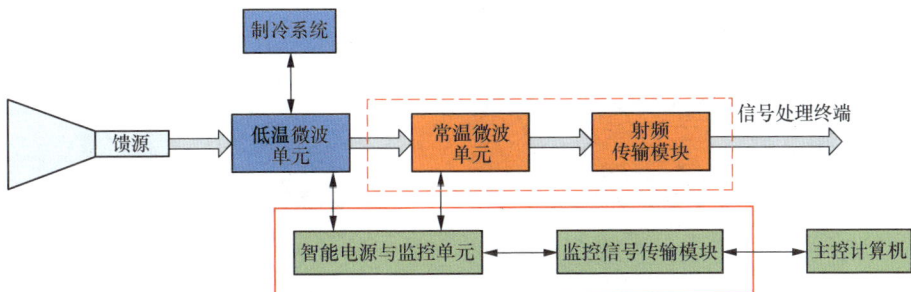

图 3.79　S 波段接收机系统结构

在安装接收机前，先利用频谱分析仪测试接收机带通特性，接收机带通特性测试结果如图 3.80 所示。

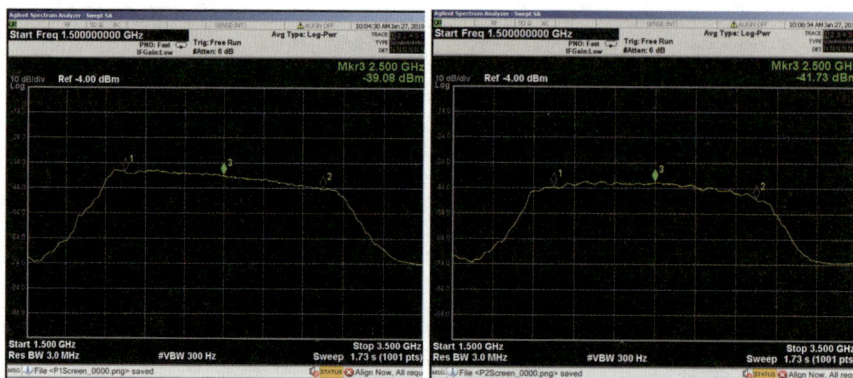

图 3.80 S 波段接收机带通特性测试结果

　　S 波段接收机在 FAST 上的安装示意如图 3.81 所示。S 波段接收机在望远镜上进行低温工作时，需要使用已安装在 FAST 下平台上的 19 波束接收机的三台压缩机中的一台。FAST 利用 S 波段接收机对射电源 3C286 进行漂移扫描观测：启动 FAST 控制系统，控制形成预定指向的反射面，并把馈源相位中心控制到焦点位置；在射电源 3C286 到来前 10min 打开接收机及终端系统，开始记录观测数据及频谱数据，验证 FAST 在 S 波段的观测功能。S 波段接收机观测试验记录的观测数据如图 3.82 所示。

图 3.81 S 波段接收机在 FAST 上的安装示意

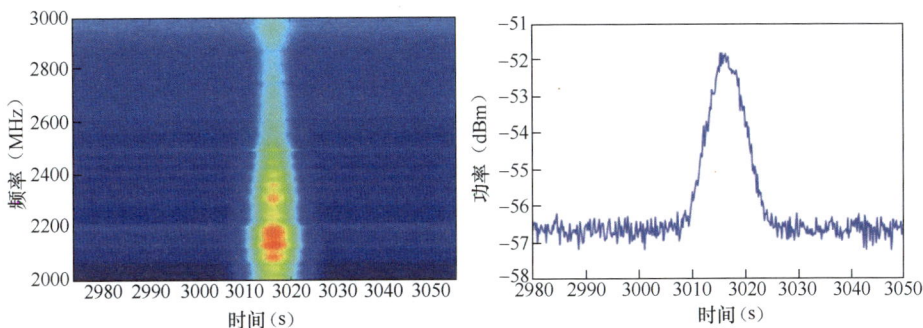

图 3.82　S 波段接收机对 3C286 漂移扫描的频谱图及轮廓图

| 3.4　总结 |

FAST 接收机与终端系统共完成了 FAST 7 套接收机及其相应的数字终端的研制，7 套接收机分别为 70 ～ 140MHz 常温接收机，140 ～ 280MHz 常温接收机，超宽带接收机，P 波段、L 波段与 S 波段接收机，L 波段多波束接收机，实现了 FAST 70MHz ～ 3GHz 的频率覆盖。经测试，各套接收机均满足技术要求。270 ～ 1620MHz 超宽带接收机和 19 波束接收机已经安装并应用在 FAST 上，在望远镜的功能调试和整体性能测试中发挥了重要作用。同时，这两套接收机在科学观测中也发挥了重要作用。

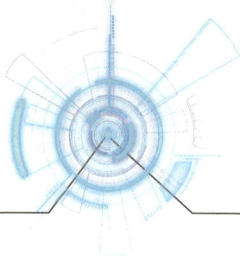

第 4 章　FAST 电磁兼容

| 4.1　FAST 电磁兼容需求与挑战 |

射电频段是天体物理研究最重要的窗口之一。射电天文观测具有观测设备灵敏度高、观测频率不能任意选择和无发射（无源）等特点，因此极易受到来自地面、空间和望远镜自身的电磁干扰。随着现代科学技术的发展，以及人类在地面及空间活动的增加，地球上的电磁波环境日益恶化，寻找一处适合建设射电天文台站的地点已经变得越来越困难。同时，随着各种无线电技术的迅猛发展，无线电频谱资源也越来越紧张。

来自宇宙天体的无线电信号极其微弱，阅读宇宙边缘的信息需要大口径、高灵敏度的射电望远镜。随着电子技术、计算机技术的发展，现代大型射电望远镜大多采用主动反射面、高精度测控技术和高灵敏度接收机技术，大量电子电气设备将应用到望远镜上，电机、驱动器、控制器、传感器和接收机等很有可能产生传导和辐射干扰，影响望远镜的观测。

以 FAST 为例，作为世界上最大的单口径射电望远镜，它具有极高的灵敏度，因此也极易受到干扰；FAST 的观测频段为 70MHz ～ 3GHz，覆盖了无线电干扰影响最为严重的低频段；望远镜系统设备众多，工作状态复杂。望远镜采用了各种电子电气设备，即使这些设备已满足相应的国家电磁兼容标准，但距离射电天文要求的干扰保护限值仍有很大距离。从图 4.1 可以看到，ITU-R RA.769 中的连续谱观测干扰保护限值比 GJB 151A—

97《军用设备和分系统电磁发射和敏感度要求》中的限值低约 80dB，而 ITU-R RA.769 中的谱线观测干扰保护限值比 GJB 151A—97 中的低 100dB 以上。因此，在 FAST 工程的设计、建造和运行过程中，开展望远镜电磁兼容技术研发对于保障望远镜的科学产出必不可少。

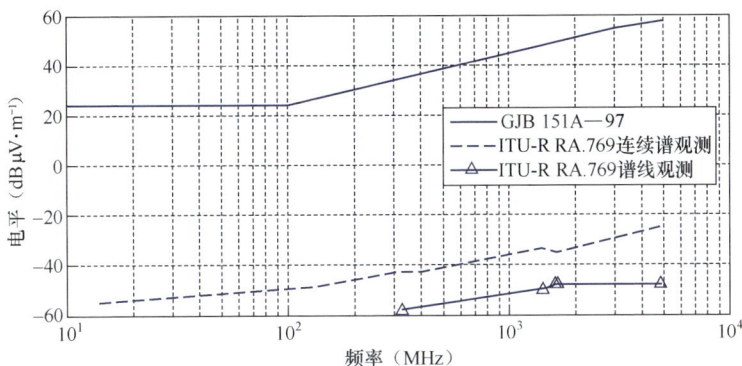

图 4.1　不同干扰保护限值对比

为保障大口径、高灵敏度射电望远镜的正常观测，所采取的电磁兼容措施主要有如下几类。

（1）对射电望远镜自身设备采用严格的电磁兼容措施，将自身设备的干扰减弱到规定的限值以下。

（2）对频谱的使用进行管理。频谱管理参照国际电信联盟颁布的《无线电规则》和国内无线电频率划分及各项管理规定等，并对射电天文业务进行了频率划分，给出了相应的频谱管理规则和建议。

（3）将望远镜建设在人烟相对稀少、地面干扰设备相对较少的地区，以保证良好的电磁波环境；同时，在台址近邻区域划定相应电磁波环境保护区，对区域内的潜在干扰源进行控制管理。通过划分不同级别的电磁波环境保护区，可以在充分保证观测的同时，降低管理成本。

（4）对望远镜周边存在的电磁干扰进行监测、分析和评估，通过人工或自动化措施予以甄别，采用实时软硬件措施或者软件后处理措施，在观

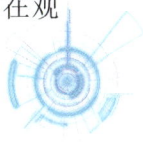

测数据中对干扰信号予以消减，形成有效的或质量更高的观测成果。

| 4.2　FAST 电磁兼容指标要求 |

电磁干扰是指任何能使设备或系统性能降级的电磁现象。电磁干扰有传导干扰和辐射干扰两种。要解决系统的电磁兼容问题，必须从三个方面（即电磁干扰源、耦合途径、敏感设备）采取措施。而抑制电磁干扰的主要措施包括接地、滤波和屏蔽。

对于 FAST 而言，敏感设备为高灵敏度接收机，而望远镜系统的主要电磁干扰源可以分成两类：一是信息技术设备，即弱电设备，如计算机、控制器等；二是电机、变压器等强电设备，强电设备工作频率较低，但由于其功率较大，如果产生电磁辐射，其干扰值将比较大。表 4.1 给出了 FAST 的部分潜在干扰源。

表 4.1　FAST 部分潜在干扰源

序号	工艺系统	潜在干扰源
1	主动反射面系统	促动器（直流电源、电机、驱动器、控制器、电磁阀、油温油压传感器、位置传感器）、应变传感器等
2	馈源支撑系统	索驱动电机驱动和控制设备、馈源舱 Stewart 平台电机驱动和控制设备、传感器等
3	测量与控制系统	全站仪、数码相机等
4	接收机与终端系统	馈源、接收机、终端处理机等
5	观测基地系统	总控设备、接收机终端设备、电子实验设备、办公和生活电子设备等

通过对 FAST 工艺系统的电磁兼容特性进行分析，提出电磁兼容设计要求和干扰消减方案，主要包括以下三类。

（1）针对望远镜观测时主要运行的工艺设备，如 2225 台同时运行的促动器、索驱动电机驱动和控制设备、馈源舱，以及监测望远镜工作状态的各类传感器等，开展电磁干扰分析，明确电磁兼容指标要求。

（2）在综合布线供电线路中采用线缆埋地等处理方式，通信线路采用光缆进行数据和信号传输。

（3）观测基地中总控设备、终端设备、实验室及配套设施的电磁兼容措施等。

依据 FAST 干扰保护限值，并结合路径传播损耗，判断 FAST 设施设备是否会对天文观测造成干扰。如果会造成干扰，则采用电磁兼容措施处理。根据 ITU-R RA.769-2 中的方法，使用 FAST 具体参数计算得出 FAST 干扰保护限值，如表 4.2 所示。

表 4.2　FAST 干扰保护限值

中心频率（GHz）	频段（GHz）	带宽（GHz）	系统噪声温度（K）	干扰保护限值		
				输入功率（dBW）	功率流量密度（dBW·m⁻²）	谱功率流量密度（dBW·m⁻²·Hz⁻¹）
0.105	0.07～0.14	0.07	1000	−187	−185	−264
0.21	0.14～0.28	0.14	400	−190	−182	−263
0.42	0.28～0.56	0.28	150	−193	−180	−264
0.79	0.56～1.02	0.46	60	−195	−176	−263
0.327	0.320～0.334	0.014	200	−200	−188	−260
0.595	0.55～0.64	0.09	60	−199	−182	−262
1.435	1.15～1.72	0.57	25	−199	−174	−262
1.38	1.23～1.53	0.30	25	−200	−176	−261
2.50	2.00～3.00	1.00	25	−198	−168	−258
4.85	4.50～5.20	0.70	30	−198	−162	−251
6.20	5.70～6.70	1.00	30	−197	−159	−249
8.40	8.00～8.80	0.80	35	−197	−157	−246

FAST 电磁屏蔽工程是 FAST 自身电磁兼容工作的重要组成部分，其原理是利用屏蔽体对 FAST 自身设备进行电磁屏蔽，达到降低辐射干扰的要求。电磁屏蔽涵盖 FAST 的 5 个工艺系统，凡是能够发射电磁辐射的设备设施，都进行了电磁兼容评估和必要的处理。

电磁屏蔽是抑制干扰的一种措施，电磁辐射入射屏蔽金属机柜表面，会因为反射作用以及能量转换等其他物理原因，最终产生衰减。

$$SE=20\lg\frac{E_0}{E} \qquad (4.1)$$

式中，SE 为屏蔽效能，用来衡量屏蔽程度的强弱，单位为 dB；E_0 为无屏蔽体时，距离干扰源一定距离的电场强度；E 为在相同位置处使用屏蔽体进行屏蔽时的电场强度。特此说明，本章公式均为工程中所用的经验公式，单位不作统一处理。

频率在 20MHz 以下时，通过使用磁场来计算屏蔽效能：

$$SE=20\lg\frac{H_0}{H} \qquad (4.2)$$

同理，式中，SE 为屏蔽效能，单位为 dB；H_0 为无屏蔽体时，距离干扰源一定距离的磁场强度；H 为在相同位置处使用屏蔽体进行屏蔽时的磁场强度。

FAST 利用电磁屏蔽的原理，将众多自身辐射设备置于屏蔽体内，将辐射干扰信号限定在屏蔽体之中，使其无法传播到外界。因此，在屏蔽体之外，FAST 抑制了自身的辐射干扰，以保持良好的电磁波环境。

FAST 不同屏蔽体内部是不同的辐射发射源，对屏蔽效能有不同的要求。为了更好地维护 FAST 及节约 FAST 建设成本，需对不同的屏蔽体提出不同的屏蔽效能指标。屏蔽效能指标的提出遵循：

$$SE=(E-\text{Th}_{\text{FAST}})+A \qquad (4.3)$$

式中，SE 为屏蔽效能，E 为辐射发射设备在不同频段的电场强度，Th_{FAST} 为 FAST 干扰保护限值，A 为考虑到屏蔽体在使用过程中屏蔽效能逐渐损耗而设置的余量。根据 FAST 干扰保护限值，结合相关国家电磁兼容标准和各屏蔽体的位置，采用合适的传播模型，如自由空间传播模型或绕射模型等，给出各工艺系统具体的电磁兼容设计要求，见表 4.3。

表 4.3 FAST 屏蔽体电磁兼容设计要求

序号	屏蔽体名称	数目	屏蔽要求（dB）
1	屏蔽集装箱	2	>60
2	馈源舱内隔间	3	>80

续表

序号	屏蔽体名称	数目	屏蔽要求（dB）
3	馈源舱屏蔽机房	1	>160
4	AB 轴电机屏蔽	4	>80
5	分支杆电机屏蔽	6	>80
6	测量与控制 1# ~ 6# 箱变屏蔽房	6	>100
7	测量与控制 0# 箱变屏蔽房	1	>90
8	测量与控制 7# 箱变屏蔽房	1	>90
9	测量与控制中继室屏蔽房	12	>120
10	测量与控制基墩配电箱	24	>120
11	测量与控制语音配电箱	16	>120
12	舱停靠平台语音屏蔽箱	10	>80
13	索驱动机房内电气室	6	>120
14	索驱动机房内电机室	6	>50
15	中心促动器	2	>80
16	索驱动塔顶屏蔽机柜	6	>90
17	索驱动监控摄像机屏蔽机柜	12	>60
18	索力传感器屏蔽	6	>100
19	塔顶编码器屏蔽	6	>90
20	减速机间制动器信号盒屏蔽	6	>90
21	主动反射面健康监测风速风向仪屏蔽机柜	4	>100
22	全站仪屏蔽壳体	24	>100
23	主动反射面促动器屏蔽	2225	>80
24	索网健康监测屏蔽机柜	3	>100
25	观测基地微波和电子实验室	1	>90
26	观测基地终端设备机房	1	>90
27	观测基地总控室	1	>90

| 4.3　FAST 电磁兼容设计与研发 |

考虑接地、滤波和屏蔽等解决措施，按照从设备到系统的方式，综合干扰叠加、设备老化和设计冗余等因素，提出并优化系统的电磁兼容设计

方案。对于 FAST 的关键设备，如 2225 台促动器、馈源舱 Stewart 平台电机等开展专项电磁兼容设计与研发。

4.3.1　促动器

为实现在观测时形成 300m 口径的瞬时抛物面，在 FAST 反射面下安装 2225 台（机电液一体化）促动器用来控制反射面节点变形，促动器必须在望远镜观测时实时运行。促动器内部的主要干扰源包括直流电源、电机、驱动器、控制器、电磁阀、油温油压传感器、位置传感器等。由于促动器设备机电接口较多，需要采取合适的设计和测试方案来保证其不会对望远镜观测造成干扰。图 4.2 为促动器设计示意。

1. 技术特点

从电磁兼容的角度，主动反射面促动器有 5 个技术特点：第一，近千台促动器在望远镜观测时实时运行；第二，每一台促动器是机电液一体化设备，机械、电气和液压接口复杂，其中可能的电磁泄漏环节多；第三，促动器的电气舱体积较小，这不仅限制了若干电磁兼容措施（如屏蔽簧片）的实施，也给屏蔽效能的测试带来难度；第四，促动器电气舱内设备部件可能需要经常维护，因此舱罩需要经常打开，这也给电磁兼容措施的实施带来难度；第五，促动器内部设备的频谱复杂，需要关注的泄漏频点多。促动器电气舱内部结构如图 4.3 所示。

2. 技术措施

在系统架构方面，采用液压式促动器可实现 15t 的大负载，避免了机械式促动器机械磨损而使寿命缩短的问题。运行较长一段时间后，不需要更换主体部件，只需要更换泵、阀、密封圈等小型、低成本部件就可以继续延长使用寿命，为 FAST 30 年乃至更长时间的运行、维护打下了良好的基础。

研发机电液一体化促动器，在实现大负载的同时，可实现 80dB 的屏蔽效能。由于具有光纤通信等数字化接口，可以随时远程查询促动器状态，实时进行运行控制，非常适应未来的发展趋势。

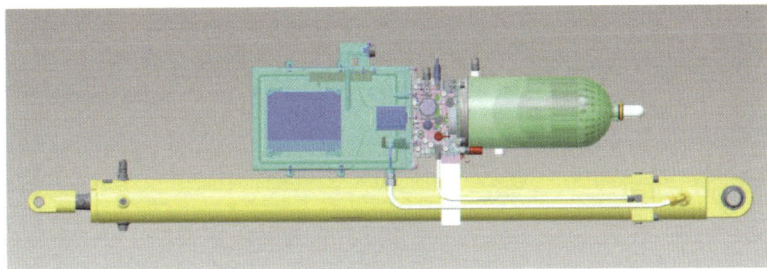

图 4.2　促动器设计示意

图 4.3　促动器电气舱内部结构

3. 测试与结果

促动器的电磁兼容设计与测试经历了需求制定、样机测试与选型、出厂 RE102 测试、出厂屏蔽效能测试、现场屏蔽效能测试 5 个阶段。

由图 4.4 可以看出，60dB 屏蔽效能即可满足 ITU–R RA.769–2 中的限值。考虑各种导致屏蔽效能退化的因素，出厂阶段促动器屏蔽效能定为 80dB，保留 20dB 的余量。现场面板会在促动器和接收机之间产生约 10dB 的衰减，使得实际余量更大。

在微波暗室内，对一台或多台促动器的运行状态进行 RE102 干扰测试，如图 4.5 所示，测出的干扰值不应超出暗室背景干扰值。此外，出厂测试时的场景和结果分别如图 4.6 和图 4.7 所示。促动器安装到望远镜上的现场测试场景如图 4.8 所示。

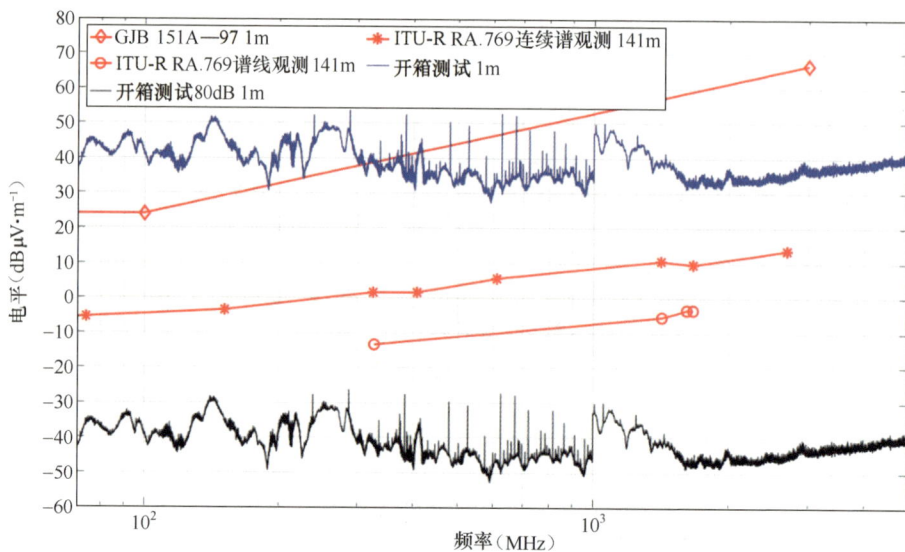

图 4.4　典型的促动器干扰水平和 80dB 屏蔽效能指标的确定

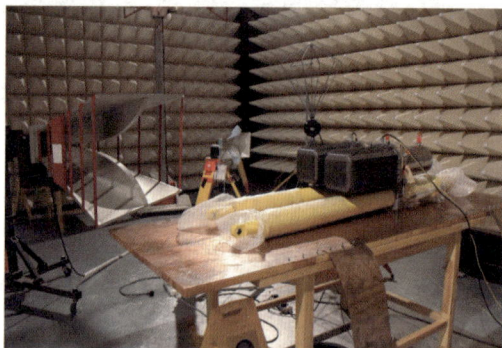

图 4.5　RE102 干扰测试场景

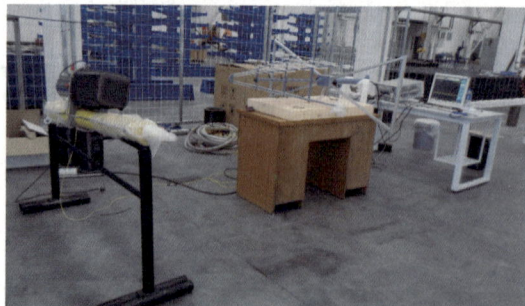

图 4.6　促动器屏蔽效能出厂测试场景

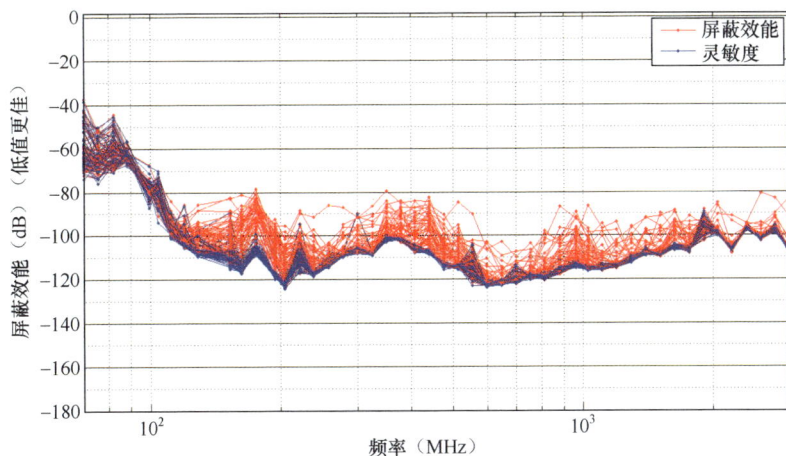

图 4.7　多台促动器屏蔽效能出厂测试结果

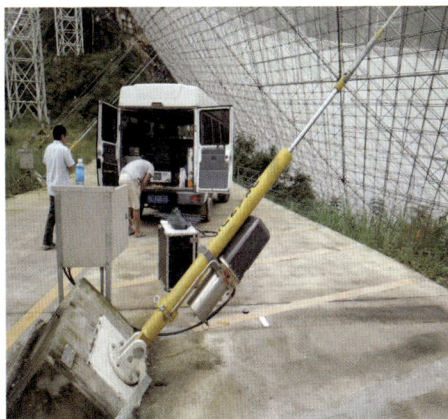

图 4.8　促动器屏蔽效能现场测试场景

从测试结果来看，在促动器的设计与建设阶段提出的液压式促动器机电液一体化的电磁屏蔽结构、集成滤波和屏蔽等措施满足 FAST 的电磁兼容要求，科学观测结果显示，没有探测到来自促动器的干扰，充分验证了技术成果的可靠性。

4.3.2　馈源支撑索驱动设备

索驱动是 FAST 的三项自主创新之一。

1. 技术特点

FAST 索驱动系统有 6 个塔，每个塔下有一个机房，每个机房约有 5 台机柜；在塔顶设有塔顶屏蔽机柜及摄像系统；在塔底减速器之间设有摄像系统。

馈源支撑系统由大功率伺服驱动器驱动 6 根钢索，实现馈源舱在虚焦面上的运动，虚焦面的口径为 207m，球冠高度为 40m（运行空间距离地面高度为 140 ～ 180m）。馈源支撑相关设备的电磁兼容性，需要解决大范围多运动部件的强干扰电磁场屏蔽技术难题，需要攻克的具体技术难题如下。

（1）达到 GJB D 级电磁屏蔽要求

馈源支撑系统含有大功率伺服驱动器、电动机等强干扰源，干扰信号种类多、强度大、频率跨度大，且钢索在机房出绳口的运动无法封闭，电磁屏蔽难度大。

（2）机械传动系统的间壁屏蔽技术

设备存在多个驱动与机械传动部件，所属区域和产生的信号各不相同，机械传动部件需要屏蔽分离，电动机与传动部件的机械连接及其动态特性导致无法按照常规方法屏蔽磁场，机械传动系统的高性能屏蔽无先例可循。

2. 技术措施

为减小索驱动系统的电磁干扰，采用以下电磁兼容措施。

（1）多物理场分区屏蔽技术

基于设备对 FAST 系统的电磁干扰情况，将设备分为三类，1 类对系统影响很大，2 类对系统影响较大，3 类对系统影响较小。

索驱动机房各分区屏蔽效能指标要求见表 4.4。

表 4.4　索驱动机房各分区屏蔽效能指标要求

分区位置	设备类别	屏蔽效能指标
电气间	1 类	120dB

分区位置	设备类别	屏蔽效能指标
电动机间	2 类	50dB
减速器间	3 类	对房体不作要求，器件本体需要屏蔽处理

对于大功率伺服驱动器、高频控制器、电动机、摄像头、码盘、交换机等干扰物理场，针对设备干扰参数和安装位置的屏蔽要求，研发多磁场分离与指标分区屏蔽技术。具有强信号干扰磁场的电气室采用 120dB 屏蔽效能指标，距离馈源较近的塔顶屏蔽机柜采用 90dB 屏蔽效能指标，摄像系统采用 60dB 屏蔽效能指标，电机室采用 50dB 屏蔽效能指标，实现了多级屏蔽，保证了高性能屏蔽效果。多物理场分区屏蔽示意如图 4.9 所示。

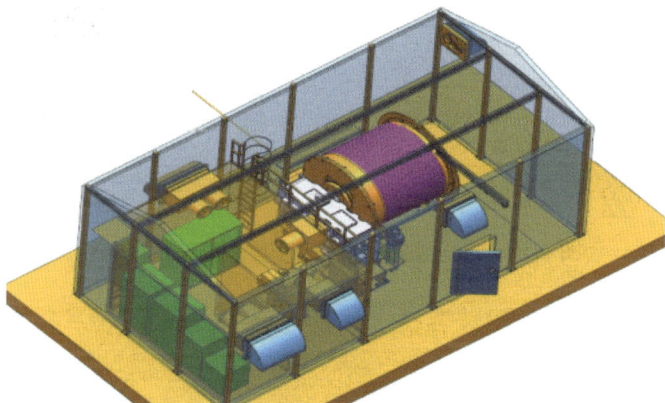

图 4.9　多物理场分区屏蔽示意

该技术既实现了复合型干扰信号的高效屏蔽，又解决了开口屏蔽间复合大型磁场干扰问题，为大型射电望远镜复杂观测信号的精准解析奠定了基础。

（2）动静组合屏蔽技术

基于动静组合屏蔽技术，提出动态过壁电磁屏蔽新方法，研发了一种高性能防电磁泄漏的转轴过壁装置（见图 4.10 和图 4.11），解决了电动机转轴穿过房体的电磁屏蔽难题。

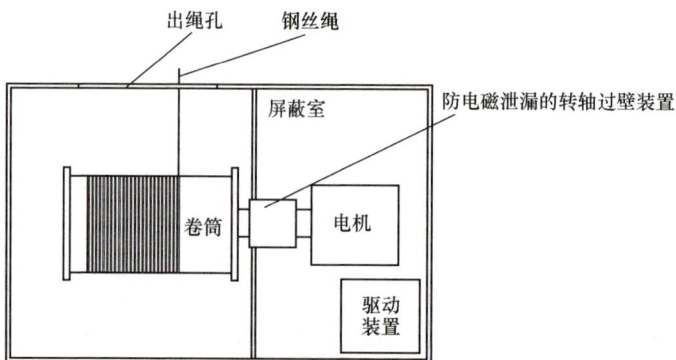

图 4.10　防电磁泄漏的转轴过壁装置布局示意

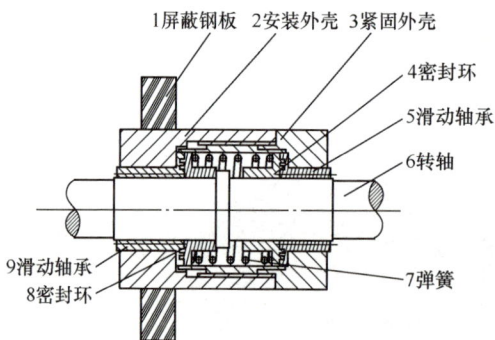

图 4.11　防电磁泄漏的转轴过壁装置设计及实物

在索驱动机房的电磁兼容技术研发过程中，自主研发了电机驱动滤波器，研发了电机动轴的过壁装置，确保索驱动设备产生的干扰减小。

索驱动机房内设备的干扰强、屏蔽要求高，其他部分的电气设备均要可靠屏蔽，比如：塔顶屏蔽机柜的屏蔽效能要求不低于 90dB，塔底、塔顶固定摄像头的屏蔽效能不低于 60dB，塔顶编码器屏蔽效能为 54dB。

3. 测试与结果

利用自研的宽带电磁屏蔽效能检测系统，对 6 个索驱动机房及索驱动相关屏蔽设备进行了测试（见图 4.12 和图 4.13），测试结果显示索驱动系统基本满足电磁屏蔽要求。

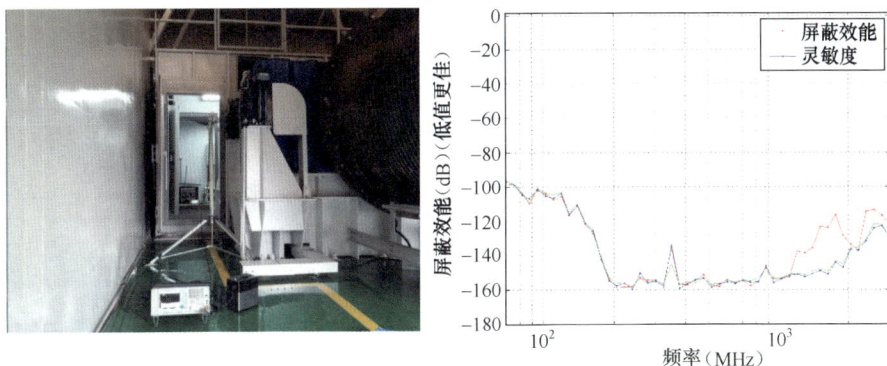

图 4.12　索驱动机房屏蔽效能测试场景和整体测试结果
（绿线代表测试有效性检测标志，无实际意义）

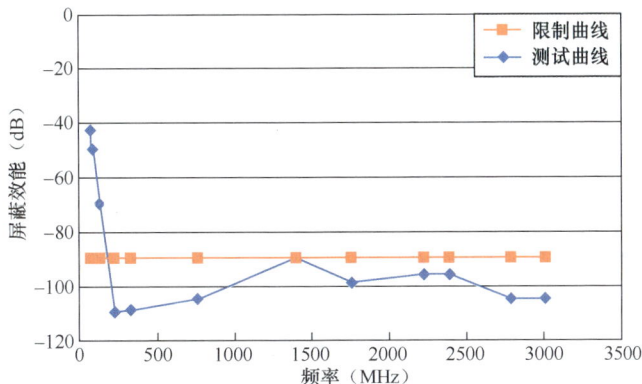

图 4.13　塔顶屏蔽机柜屏蔽效能测试结果

4.3.3　馈源舱

馈源舱是 FAST 的核心子系统，其内部安装有大量的电子设备，如 AB 轴电机、Stewart 平台 6 杆电机、控制器、处理器、馈源等。馈源舱的电磁兼容设计对于保障望远镜的正常运行至关重要。

1. 技术特点

馈源舱内干扰保护限值低于 GJB 的，馈源舱质量受限，同时运行的下平台安装了制冷接收机，极易受到干扰。馈源舱内含运动部件，如转角结构和下平台的 Stewart 平台等，舱内状态复杂、环境恶劣，部件的高屏蔽效

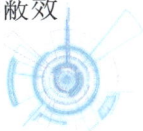

能结构设计与研发是一个难点。

单口径射电望远镜的特点使得其所需要的信号接收系统的灵敏度非常高，这就要求其周围的设备所产生的电磁干扰必须在装置的接收能力以内，以免降低望远镜灵敏度，甚至导致无法达到预期设计指标。经估算，馈源舱电磁兼容设计要求较高，在 70MHz ～ 3GHz 这一频率范围内，馈源舱应满足屏蔽效能指标大于 160dB。

2. 技术措施

针对馈源舱，提出具有运动平台的双层屏蔽舱体设计（见图 4.14）。馈源舱的舱罩及隔间采用 0.8mm 薄不锈钢板焊接而成，运动平台则采取"双层屏蔽布 + 防雨层 + 支撑架"的设计方式。在馈源舱的电磁兼容设计中，将馈源舱内空间分成三个区域：两个屏蔽隔间 1 和 2 安装主要的强干扰源驱动和控制设备等，屏蔽效能指标为 80dB；对在隔间 3 内的电机及驱动装置提出 80dB 的屏蔽效能要求。通过双层屏蔽实现超过 GJB D 级的电磁屏蔽效能。

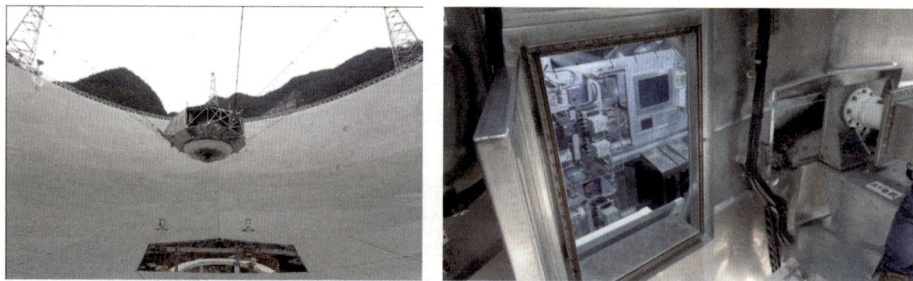

图 4.14　正在入港的馈源舱及馈源舱内部屏蔽隔间一角

3. 测试与结果

利用自研的宽带电磁屏蔽效能检测系统，对馈源舱内的屏蔽隔间进行了屏蔽效能测试，结果如图 4.15 和图 4.16 所示。

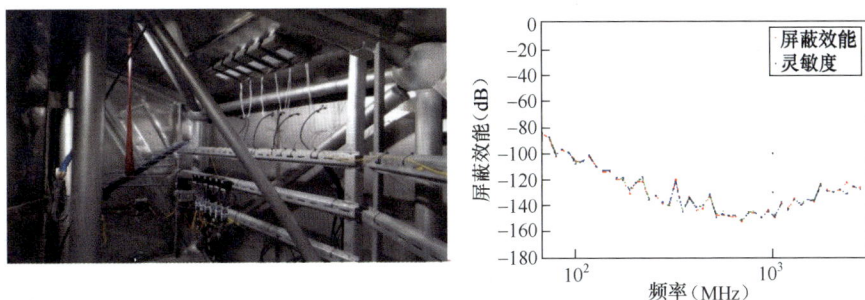

图 4.15　测试场景及馈源舱屏蔽隔间 2 屏蔽效能测试结果

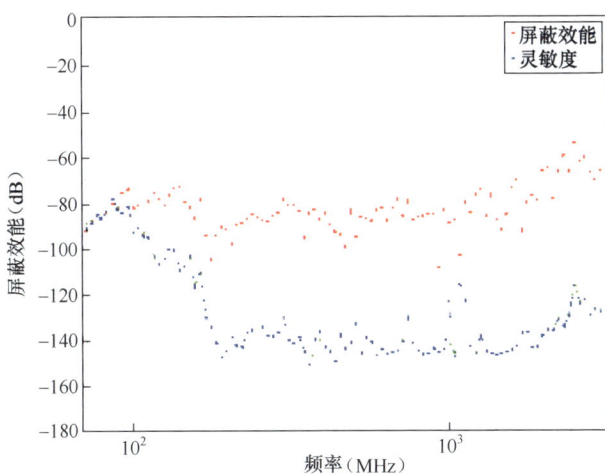

图 4.16　馈源舱屏蔽隔间 3 屏蔽效能测试结果

经检测，设计和施工后的馈源舱满足表 4.5 所示的指标要求。

表 4.5　馈源舱屏蔽效能指标

屏蔽区域	分项屏蔽效能指标（dB）	整体屏蔽效能指标（dB）
隔间 1	>80	>160
隔间 2	>80	>160
隔间 3	>80	无
AB 轴、分支杆电机舱罩	>80	无

根据测试和实际观测结果，所采用的具有运动平台的双层屏蔽舱体设计和对舱内主要干扰源采用的电磁兼容技术，实现超出 GJB 的屏蔽效能

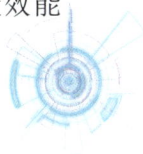

（120dB），部分频段的屏蔽效能达到 140dB，满足 FAST 的电磁兼容需求。

4.3.4 电磁屏蔽效能测试系统

电磁屏蔽是利用屏蔽体阻止或减少电磁能量传输的一种措施。屏蔽体是对设备或装置进行封闭的一种阻挡层。屏蔽体的性能以屏蔽效能来衡量。目前，我国已有一些屏蔽体的测试标准，如大型屏蔽室 GB/T 12190—2006《电磁屏蔽室屏蔽效能的测量方法》、小型屏蔽箱 GJB 5185—2003《小屏蔽体屏蔽效能测量方法》和 GB/T 18663.3—2007《机柜、机架和插箱的电磁屏蔽性能试验》等。

1. 技术特点

FAST 具有 2000 多个电磁屏蔽设备、屏蔽室、屏蔽机柜等屏蔽设备，需要在 FAST 工作的全频段进行严格的电磁屏蔽效能测试。常规的测量方法以单频率点、手动测试为主，要完成 2000 多个屏蔽设备的检测且增加测试频率点，工作量非常大。这样的测试难以全面、准确掌握全频段内的电磁干扰情况，给射电望远镜正常运行带来不可预知的风险。射电望远镜具有频段宽、高灵敏度的特性，所需要的电磁干扰抑制要求大于国家标准，现有的国家电磁兼容标准不能满足 FAST 的电磁兼容测试需求。

与通用的测试标准比，FAST 电磁屏蔽效能测试的特殊要求如下。

（1）要求屏蔽效能的动态范围大，在 130dB 以上（最高 GJB 屏蔽效能为 120dB）。

（2）测试频段集中，70MHz ～ 3GHz 的测试频段内不包括 30MHz 以下的磁场的屏蔽效能测试，但包括谐振频段的屏蔽效能测试。

（3）测试频率点密集，要求不遗漏屏蔽效能最低的频率点，能绘出连续平滑的屏蔽效能 – 频率曲线（国家标准一般在一定频率范围只测试几个点）。

2. 技术措施

依据射电天文的特殊需求，对测量天线、接收机灵敏度、信号源功率进行设计计算，提出适用于 FAST 电磁屏蔽效能的测试方案，编写测试用软件，并进行现场测试验证。

FAST 使用了自主研发的多频率连续测试系统进行电磁屏蔽效能自动扫频测试，极大提高了工作效率。测试系统包括天线、信号发生器、低噪声放大器、频谱仪和测试系统软件等。

测试系统使用方便、测试高效，系统测试的屏蔽效能动态范围在 140dB 以上，可在 70MHz ～ 3GHz 频段内对屏蔽体屏蔽效能进行自动扫频测试。测试结果客观准确，解决了传统手动测试方案中存在的问题，满足射电望远镜要求的大带宽、高动态范围的电磁屏蔽效能测试需求。所开发的电磁屏蔽效能测试系统的主要指标如下。

（1）测试的屏蔽效能的动态范围大，在 130dB 以上。

（2）测试频段覆盖 70MHz ～ 3GHz，其中 1GHz 频段以下以 50MHz 为间隔，1GHz 频段以上以 100MHz 为间隔进行采样测试。

这套高动态范围测试系统已在 FAST 电磁兼容设计和研发中发挥了重要作用，同时为国内大型射电望远镜的研发和运行提供支持。

| 4.4　电磁波环境监测与干扰消减 |

射电望远镜对台址的电磁波环境要求极为严格。因此，电磁波环境监测与干扰消减是一项贯穿 FAST 全生命周期的重要工作，从选址、建设、调试到运行都需要对射频干扰进行定期的监测和排查。开展干扰信号识别和消减技术研究，对 FAST 电磁波宁静区运行和提高天文观测数据质量有着重要意义。根据详尽的干扰测试结果，才能准确标识并去除可能被干扰污染的数据单元，有助于进一步提高天文观测信号输出的信噪比，较好地

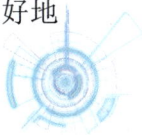

去除噪声和保持信号的突变部分，从而加强对暗弱天文信号的探测能力。

4.4.1　FAST 电磁波宁静区

为保护 FAST 周边良好的电磁波环境，2013 年 6 月，贵州省人民政府令（第 143 号）公布《贵州省 500 米口径球面射电望远镜电磁波宁静区保护办法》，设立了以 FAST 台址为中心、半径为 30km 的 FAST 电磁波宁静区，并对所分三个区域有不同要求，对 FAST 台址周边电磁波环境进行保护，同时给予周边乡镇最大的工作生活方便。其中，以台址（北纬 25°39'10"，东经 106°51'20"）为圆心，半径 5km 范围为核心区，5 ～ 10km 的环带为中间区，10 ～ 30km 的环带为边远区。2016 年 9 月 25 日，《黔南布依族苗族自治州 500 米口径球面射电望远镜电磁波宁静区环境保护条例》开始施行。

为适应经济社会的发展需求和 FAST 电磁波环境保护实际需求，新修订的《贵州省 500 米口径球面射电望远镜电磁波宁静区保护办法》（以下简称《保护办法》）经贵州省人民政府常务会议审议通过，并以贵州省人民政府令（第 188 号）公布，自 2019 年 4 月 1 日起施行；同年，《黔南布依族苗族自治州 500 米口径球面射电望远镜电磁波宁静区环境保护条例》也进行了修订。

FAST 核心区共涉及 2 县 3 镇 12 村，半径 3km 范围内已全部移民搬迁。在核心区内除需要保障射电望远镜正常运行，还禁止设置、使用无线电台（站），禁止建设辐射无线电波的设施，禁止擅自携带手机、对讲机、无人机等产生电磁辐射的电子产品。

中间区共涉及 2 县 6 镇 34 村。在中间区内禁止设置、使用工作频率在 68 ～ 3000MHz 且效辐射功率在 100W 以上的无线电台（站），设置、使用其他无线电台（站）或者建设辐射无线电波的设施时，需进行电磁兼容分析和论证。

边远区共涉及 3 县 13 镇 232 村。在边远区内设置、使用工作频率在
68 ～ 3000MHz 且有效辐射功率在 100W 以上的无线电台（站），或者建设、
运行辐射无线电波的设施时，需进行电磁兼容分析和论证。

宁静区内严格执行《保护办法》，可有效减少台址周边干扰源及抑制强
干扰信号。对已有的强干扰源（如通信基站、广播电视、民航通信及导航
等发射台站）进行消减。通过干扰监测和干扰识别，确定干扰信号来源，
对干扰发射台站采取调整发射天线方向和降低发射功率等措施，有效减小
其对射电望远镜的影响。对于 FAST 台址及周边新建或拟建的可能产生电
磁干扰的项目，如台站周边新建高速公路、拟建机场等项目，须按照《保
护办法》要求进行电磁兼容分析和论证。经论证，对 FAST 观测会产生干
扰的项目，不得建设、规划或采取措施消除干扰。

为减少附近航线对 FAST 的干扰，相关部门多次积极组织、召开 FAST
空域航线调整协调会，调整 FAST 电磁波宁静区上空空域现有航线，移出
半径为 30km 的空域，在 FAST 上空设飞行管控区域，即以 FAST 为中心、
半径为 30km 的空域，在该空域内不再规划新的航线。飞行管控区域的建
立极大地减小了民航信号对 FAST 观测的影响，从而保障望远镜安全运行。

4.4.2　FAST 电磁波环境测试

开展 FAST 电磁波环境测试是一项长期而重要的工作，通过长期监测、
掌握电磁波环境发展变化情况，可对出现的干扰和后续协调提供重要的科
学依据。FAST 电磁波环境监测不同于常规的无线电监测，目前相关的国家
标准还未发布，FAST 依据现有设备和相关测试方法，长期开展台址电磁波
环境监测。

1. 台址电磁波环境测试

由于射电望远镜灵敏度高，开展天文观测需要宁静的环境，结合科学
需求、望远镜性能参数和台址情况，确定了电磁波环境测试方法。2003 年，

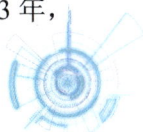

国际 SKA（Square Kilometer Array，平方千米阵）站址评估和选择委员会为了对 SKA 候选站址进行统一标准的电磁波环境测试，特别成立了射频干扰（Radio-Frequency Interference，RFI）测量工作组，制定了《SKA 候选站址的 RFI 测量议定书》。该议定书用来指导和规范 SKA 候选站址评估中所要求的 RFI 测量、数据分析及报告形式。

对射电天文观测有潜在威胁的电平监测是站址评估和选择过程中十分重要的环节，ITU-R RA.769-2 提供了电平监测对射电天文产生有害干扰的判据，而 RFI 测量应该在射电望远镜观测频段或需要重点监测的频段、全方位视野、水平和垂直两个偏振方向进行。在定期开展电磁波环境监测时，数周内完成候选站址电磁波环境测试方法，从测试中获得的数据足以用来判断不同站址的电磁波环境优劣和干扰级别。但需要注意的是，有可能会出现未被监测到的偶发干扰信号。这样的偶发干扰信号未来同样有可能危及电磁波环境监测或者望远镜建成后的射电天文观测。

在 RFI 测量与评估时需要注意以下三点。第一，RFI 对射电天文观测影响的定量评估与评价方式和射电望远镜的设计、观测的科学目标源以及观测模式有关，不考虑这些因素难以正确评估 RFI 的影响。第二，对与 RFI 测量不直接相关的因素，如频谱分配、已知发射机的位置和特征、频谱规章动向、本地频谱使用的动向、人口增长的可能影响等，给出了可测量的局限。只有考虑这些因素，才能正确地预测射电望远镜运行时的 RFI 环境。第三，试图仅确认发自地面和空载的 RFI 源，而认为卫星和天体物理源对所有的候选站址的影响大致是一样的，因此 RFI 测量侧重于地平面的方位覆盖。

在候选站址遴选时，对于重点关注的站址，通常在两个正交偏振方向上开展以 ITU-R RA.769-2 电平为准的更完全、详尽的频谱后继探测。这些后继探测可以增加观测时间，即进行更多轮的 RFI 测量实现；后继探测的另一个目的是得出给定站址在测量期间 RFI 态势的一个详尽文件，记录

RFI 在射电望远镜建设阶段的变化以及可以作为基于最早的可能警告进行干扰抑制的基准，因此文件应该包括认证的 RFI 源详尽目录，如站名、功率电平、位置等。后继探测也要在射电天文保护频段尽可能提高探测灵敏度，尽快确认问题。

通常采用的电磁波环境监测系统要求如下：天线频率覆盖 70MHz～22GHz，天线水平和垂直偏振。频率覆盖低至 70MHz 是为了防止假信号特别是二次谐频对接收机产生影响，有必要列出更低频段的干扰清单。要求水平偏振天线的方向性较弱，使得在 360° 的全方位范围内的增益变化不大于 6dB，方向性决定了全方位范围内测量的点数，一般在低频段用对数周期天线，在高频段则用喇叭天线。垂直偏振天线可以采用有均匀方位方向性的盘锥天线或者方向性天线，后者的波瓣宽度和测量方向点的关系同水平偏振天线一样。对于整个频率范围、全方位视野、两个偏振干扰的监测是否同时进行并不作要求。所有测量使用的天线需架设到距地面高度为（5±1）m 处。

通常将 RFI 粗略地分为两种类型，即强 RFI 和弱 RFI。前者潜在地威胁接收机的性能，并可以由此排除某些站址或者影响接收机的设计，此后将对此类 RFI 的测量称为"方式 1"测量；后者则可能掩盖感兴趣的弱信号，此后将其称为"方式 2"测量。

在方式 1 的干扰测量中，接收机的噪声温度小于或等于 3×10^4K；在方式 2 中，接收机的噪声温度则小于或等于 300K。接收机噪声温度从天线端口处测量，而不是从接收机或频谱分析仪的输入端测量，因而测试部分包括低噪声放大器、外接滤波器。注意，通常的成品接收机或频谱分析仪的噪声温度都超过 2000K，因此对于方式 2 测量来说，加装适当的低噪声放大器很有必要。

接收机的设计需满足一定的时间 – 频率分辨率和灵敏度，可采用商用频谱分析仪和定制的相干采样数据获取系统，只需要内部产生的虚假信号

强度、谐波信号强度足够弱。

2. FAST 建设期台址电磁波环境测试

FAST 地处贵州省平塘县大窝凼，项目在选址及施工阶段，曾多次邀请贵州省无线电监测站人员在大窝凼台址测量电磁波环境。2011 年 10 月，正值 FAST 台址全面建设期，为全面了解台址的电磁波环境，积累测试数据、为射电天文业务提供科学依据，FAST 团队会同贵州省无线电监测站在 FAST 台址进行了为期两周的电磁波环境测试。

（1）电磁波环境测试系统

测试系统由测试天线、微波开关、放大器、测试接收机及测试电缆等组成。测试系统采用旋转结构改变测试天线的极化（水平或垂直）。

测试天线分为低频天线和高频天线，分别为 HL033 和 HL050。两副天线的参数见表 4.6，天线增益和天线系数如图 4.17 和图 4.18 所示。实际测试时，在 50MHz ～ 1GHz 频段使用 R&S 公司生产的方向性 HL033 对数周期天线，按天线波瓣宽度设置测量方向点；在 1 ～ 12GHz 频段使用 R&S 公司生产的方向性 HL050 对数周期天线，按天线波瓣宽度设置测量方向点。

表 4.6　测试系统天线参数

测试天线	天线类型	极化模式	方向性（°）	典型增益（dB）	工作频段（GHz）
HL050	Log-periodic	垂直 / 水平	60	8.5	0.85 ～ 26.5
HL033	Ditto	垂直	90	6.5	0.08 ～ 2

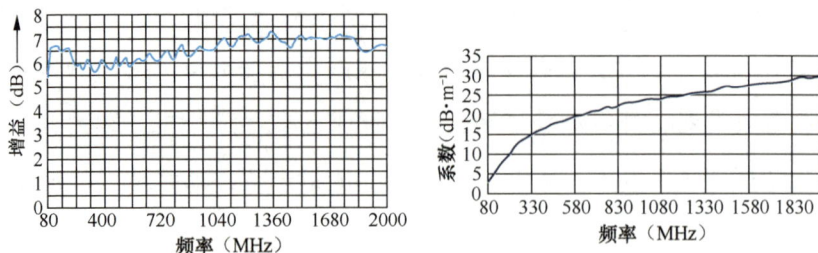

图 4.17　HL033 天线增益和天线系数

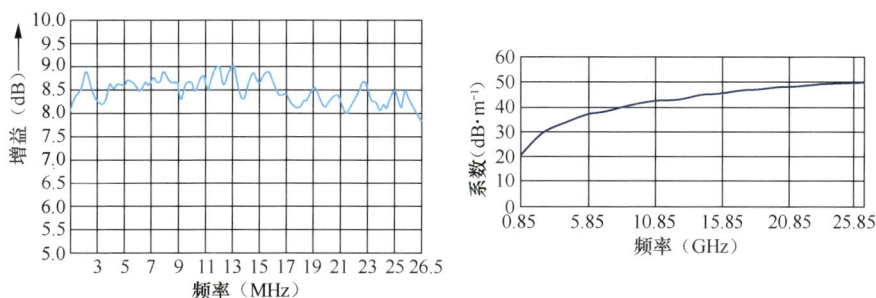

图 4.18　HL050 天线增益和天线系数

测试系统接收机选用 R&S 公司的 FSP 频谱仪，工作频段为 1MHz ～ 30GHz，平均噪声电平和等效噪声温度见表 4.7。

表 4.7　测试系统频谱仪参数

工作频段	平均噪声电平（dBm）	等效噪声温度（K）
1MHz ～ 1GHz	≤－140	7.25×10^4
1 ～ 3GHz	≤－138	1.15×10^5
3 ～ 7GHz	≤－135	2.29×10^5
7 ～ 13.6GHz	≤－132	4.57×10^5
13.6 ～ 22GHz	≤－132	4.57×10^5
22 ～ 30GHz	≤－115	2.29×10^7

为提高测试系统的灵敏度，给各测试天线配置了低噪声放大器，其典型参数见表 4.8。

表 4.8　测试系统低噪声放大器典型参数

天线代码	频段（GHz）	增益（dB）	典型噪声系数（dB）
L01	0.07 ～ 1	42	1.1
L02	1 ～ 8	50	1.8
L03	8 ～ 12	44	1.7
L04	12 ～ 16	52	3
L05	16 ～ 22	42	4

测试系统信号通路中有三段射电电缆，各段电缆长度见表 4.9。

表4.9 测试系统各段电缆长度

电缆编号	长度（m）	连接位置
C02	0.13	HL050 S01–5
C04	2	HL033 S01–3
C05	9	S03 SA

测试电缆损耗如图4.19所示。

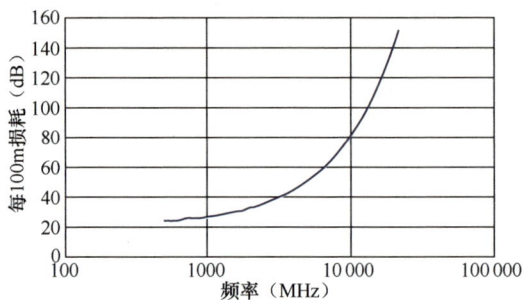

图4.19 测试电缆损耗

测试系统使用的微波开关为安捷伦公司生产的87106C，其插入损耗如图4.20所示。

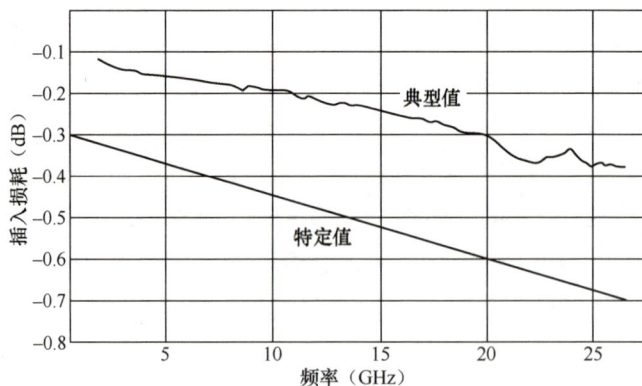

图4.20 测试系统微波开关插入损耗

系统校准噪声源为安捷伦公司生产的346C，其超噪比（Excess Noise Ratio，ENR）与频率的关系见表4.10。

表 4.10　噪声源超噪比与频率的关系

频率（GHz）	ENR（dB）	频率（GHz）	ENR（dB）	频率（GHz）	ENR（dB）
0.01	15.095	8	15.098	17	15.374
0.1	14.922	9	15.427	18	15.271
1	14.572	10	15.683	20	15.427
2	14.365	11	15.829	21	15.571
3	14.330	12	15.914	22	15.863
4	14.402	13	15.906	23	15.980
5	14.470	14	15.928	24	16.212
6	14.605	15	15.827	25	16.365
7	14.797	16	15.590	26	16.344

测试系统组成结构如图 4.21 所示。按照组成结构计算接收机噪声温度 T_R 的公式如下：

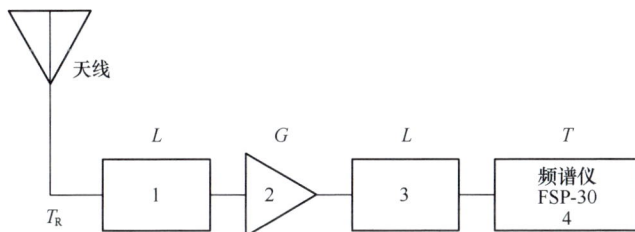

图 4.21　测试系统组成结构

$$T_R = T_1(L_1 - 1) + T_2 L_1 + \frac{T_3(L_3 - 1)L_1}{G_2} + \frac{T_4 L_1 L_3}{G_2} \qquad (4.4)$$

式中，$T_1 = T_3 = 290K$，为馈线噪声温度；L_1、L_3 为馈线损耗，单位为 dB；G_2 为低噪声放大器增益，单位为 dB；T_2 为低噪声放大器噪声温度；T_4 为频谱仪噪声温度。

将系统各级参数代入式（4.4）中，可计算出系统噪声温度 T_{sys}，计算结果见表 4.11。

表 4.11　测试系统各频段的噪声温度

频段（GHz）	L_1（dB）	G_2（dB）	噪声系数（dB）	L_3（dB）	T_4（K）	T_{sys}（K）
0.15～0.153	2.07	42	1.3	1.87	72 500	352.10
0.153～0.322	2.08	42	1.1	1.87	72 500	324.44
0.322～0.329	2.08	42	1.1	1.87	72 500	324.47
0.329～0.406	2.08	42	1	1.87	72 500	311.06
0.406～0.41	2.08	42	1	1.87	72 500	311.08
0.41～0.608	2.09	42	1.1	2.52	72 500	327.49
0.608～0.614	2.09	42	1.1	2.52	72 500	327.52
0.614～1	2.1	42	1.4	2.52	72 500	372.52
1～1.37	0.64	50	1.7	3.45	115 000	210.13
1.37～1.427	0.64	50	1.7	3.45	115 000	210.32
1.427～1.606	0.65	50	1.7	3.45	115 000	210.94
1.606～1.723	0.65	50	1.8	3.45	115 000	222.96
1.723～2.655	0.68	50	1.8	4.20	115 000	226.84
2.655～2.7	0.68	50	1.8	4.20	115 000	227.00
2.7～3.3	0.70	50	1.8	4.21	229 000	232.69
3.3～3.4	0.70	50	1.8	4.21	229 000	233.05
3.4～4.8	0.74	50	1.9	4.88	229 000	251.45
4.8～5	0.75	50	1.9	4.88	229 000	252.21
5～6.6	0.80	50	1.9	6.47	229 000	261.98
6.6～6.7	0.80	50	2	6.47	229 000	274.95
6.7～8.6	0.86	50	1.5	7.33	457 000	239.23
8.6～8.7	0.86	44	1.5	7.33	457 000	329.49
8.7～12.1	0.96	44	1.7	8.58	457 000	409.18

（2）电磁波环境监测任务规划

电磁波环境监测任务分为方式 1 和方式 2。方式 1 主要针对强干扰监测，方式 2 针对弱干扰监测。频谱仪显示带宽（Video Bandwidth，VBW）为自动设置，输入衰减为 0，检波方式为采样。

天线安装在升降杆上，距地面 4m。安装、设置好设备，按照监测任务的要求设置测试的各项参数，包括扫描时间、分辨率带宽、扫描频段、检波方式等，遵照监测任务规定的测量轮次进行测试并记录数据。

通过对系统噪声温度进行理论计算和测量校验，监测系统基本可以满足小于或等于 300K 的系统噪声温度要求。

方式 2 规定的系统（或接收机）噪声温度小于或等于 300K，计算 300K 时的系统灵敏度（天线方向系数 $D \approx 2$ 的情况下计算得到）。根据监测理论，影响系统积分时间的因素有系统噪声温度和天线方向系数。如果系统噪声温度大于 300K，必须延长积分时间，使系统灵敏度达到要求。若 D 增加，系统灵敏度增加，使积分时间变至原来的 $D/2$，可根据天线增益 G 和天线效率 η 计算 D，即 $G = D\eta$。对于 HL050 对数周期天线，其典型增益为 8.5dB，η 取 0.6，则 $D = 12$。由以上描述可计算实际监测积分时间，结合频谱仪的扫描时间，可计算满足积分时间的积分次数。

计算的系统噪声温度是根据系统各个组成部分的标称技术参数值得出的系统噪声温度理论值，在实际监测中，必须在放大器前端加宽带噪声源来对系统噪声温度进行校验，以得出系统实际噪声温度和增益随频率变化的曲线。

校验方法为计算系统噪声系数，先定义参数 $\gamma = \dfrac{P_{\text{on}}}{P_{\text{off}}}$，其中，$P_{\text{on}}$ 和 P_{off} 分别为开、关噪声源时系统测量的功率电平。

系统噪声温度计算方式如下：

$$T_{\text{sys}} = T_0 \left(\frac{\text{ENR}}{\gamma - 1} - 1 \right) \tag{4.5}$$

式中，$T_0 = 290K$。

系统噪声系数 NF 定义如下：

$$\text{NF} = \text{ENR} - 10\lg(\gamma - 1) \tag{4.6}$$

系统增益 GR 定义如下：

$$\text{GR} = P_{\text{on}}\text{NF} - 10\lg(\text{ENR} + 1) - 10\lg B + 174 \tag{4.7}$$

式中，B 为带宽，单位为 Hz。

监测系统噪声测试结果见表 4.12。

表 4.12　监测系统噪声测试结果

频段（GHz）	分辨率带宽（kHz）	P_{off}（–dBm）	P_{on}（–dBm）	ENR（dB）	Y	T_{sys}（K）	NF（dB）	GR（dB）
0.15～0.153	1	74	61	14.922	19.95	185.3	2.1	35.8
0.153～0.322	3	75	62.5	14.922	17.78	246.7	2.7	33.8
0.322～0.329	3	75	62	14.922	19.95	185.3	2.1	34.8
0.329～0.406	30	75	62	14.572	19.95	148.5	1.8	35.5
0.406～0.41	30	75	62	14.572	19.95	148.5	1.8	35.5
0.41～0.608	30	75	62	14.572	19.95	148.5	1.8	35.5
0.608～0.614	30	75	62	14.572	19.95	148.5	1.8	35.5
0.614～1	30	76	63.5	14.572	17.78	205.1	2.3	33.5
1～1.37	30	55.3	43	14.572	16.98	229.9	2.5	53.7
1.37～1.427	30	56	43.3	14.572	18.62	181.6	2.1	53.9
1.427～1.606	30	56.5	44	14.365	17.78	182.1	2.1	53.4
1.606～1.723	30	56.5	44	14.365	17.78	182.1	2.1	53.4
1.723～2.655	30	58	46	14.365	15.85	243.6	2.6	50.8
2.655～2.7	100	58	46	14.33	15.85	239.3	2.6	50.9
2.7～3.3	100	58	46	14.33	15.85	239.3	2.6	50.9
3.3～3.4	100	58	46.2	14.33	15.14	266.0	2.8	50.5
3.4～4.8	100	64	52.5	14.402	14.13	318.8	3.2	43.7
4.8～5	100	64	52.5	14.47	14.13	328.4	3.3	43.6
5～6.6	300	64	52.5	14.605	14.13	347.9	3.4	43.3
6.6～6.7	300	62.5	51	14.797	14.13	376.8	3.6	44.4
6.7～8.6	300	66	54	14.797	15.85	299.4	3.1	42.0
8.6～8.7	300	73.8	62.2	15.098	14.45	407.2	3.8	32.8
8.7～12.1	300	72	60	15.914	15.85	472.3	4.2	33.8

在每个监测任务开始前，还要进行开、关噪声源的现场校准，校准结果如图 4.22 所示。

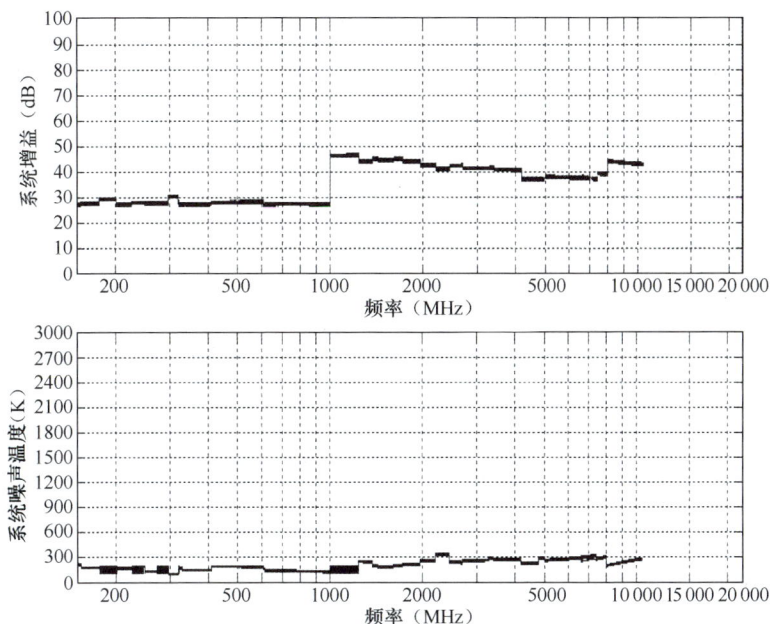

图 4.22　监测系统增益及噪声温度校准结果

　　测试完成后，对频谱仪测试记录的数据进行处理，最终得到电磁波环境的谱功率流量密度，数据计算共分 3 步：第一，由频谱读数得到干扰信号电平；第二，由干扰信号电平得到干扰电场强度；第三，由干扰电场强度得出谱功率流量密度。

　　对于频谱读数与干扰信号电平，通过监测数据得到，最后计算谱功率流量密度，按下述公式和步骤计算：

$$P_r = P_i - G_{sys} + L_{sys} \qquad (4.8)$$

式中，P_r 为干扰信号电平，单位为 dBm；P_i 为频谱读数，单位为 dBm；G_{sys} 为系统总增益，单位为 dB；L_{sys} 为系统总损耗，单位为 dB。

　　电场强度计算方式如下：

$$E = P_r + A + 107 \qquad (4.9)$$

式中，E 为电场强度，单位为 dBμV/m；A 为天线系数，单位为 dB。

　　电场强度与谱功率流量密度的换算如下：

$$S=E-10\lg B_w-142.77 \qquad (4.10)$$

式中，S 为谱功率流量密度，单位为 dBW/(m^2·Hz)；B_w 为监测带宽，单位为 Hz。

对于方式 1 的测试结果，以监测频谱图呈现。频谱图水平轴是频率，垂直轴是以 dBW 为单位的干扰信号电平的图形报告结果，表示频率函数的中值、最大值的 90%、最大值电平。所有的极化方向和测量方向点都一起处理、计算，并显示在同一个图中。不同的频率范围可以使用不同的图。

对于方式 2 的测试结果，以监测频谱图呈现。与方式 1 不同的是，极化方向及测量方向点需分开处理，即每个测量方向点的垂直极化和水平极化各有一个频谱图，可将同一测量方向点上具有相同极化的所有频率结果显示在同一个图内。

占用度图形是一个以水平轴为频段（频段由方式 2 监测任务规定）、垂直轴为占用度的条形图。占用度定义为在每个频段内，在所有极化的测量方向点中，所测量的功率高于频段内中值功率 6dB 的测量方向点数所占的百分比。方式 2 中单个极化所采集的数据不足以支撑每个基本通道的频谱占用度统计。但是，采用两种极化一起粗略地估算基本通道内的频谱占用度是可以接受的。

（3）电磁波环境测试结果

2011 年，大窝凼电磁波环境测试结果主要分为监测点天际线测试结果、方式 1 测试结果、方式 2 测试结果。

监测点天际线仰角大小如图 4.23 所示。

电磁波环境测试结果（方式 1）如图 4.24 至图 4.30 所示。

图 4.23　监测点天际线仰角大小

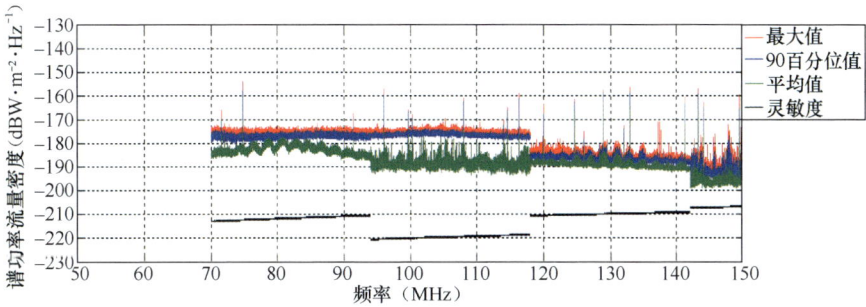

图 4.24　大窝凼电磁波环境测试结果（70～150MHz）

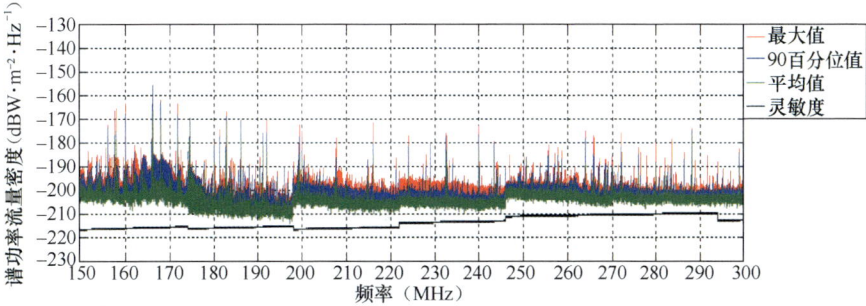

图 4.25　大窝凼电磁波环境测试结果（150～300MHz）

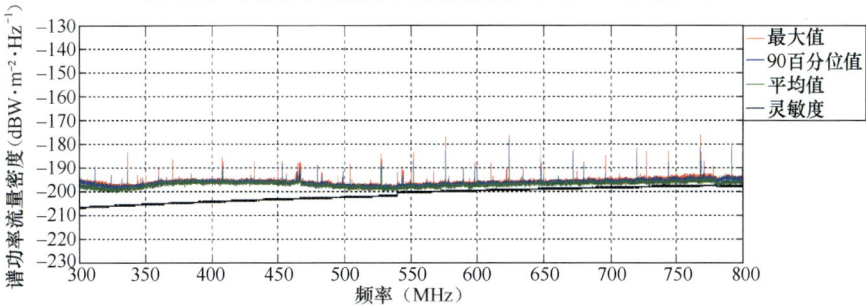

图 4.26　大窝凼电磁波环境测试结果（300～800MHz）

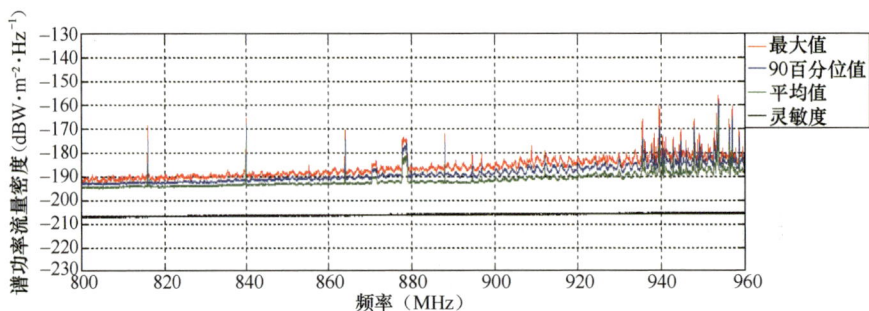

图 4.27　大窝凼电磁波环境测试结果（800～960MHz）

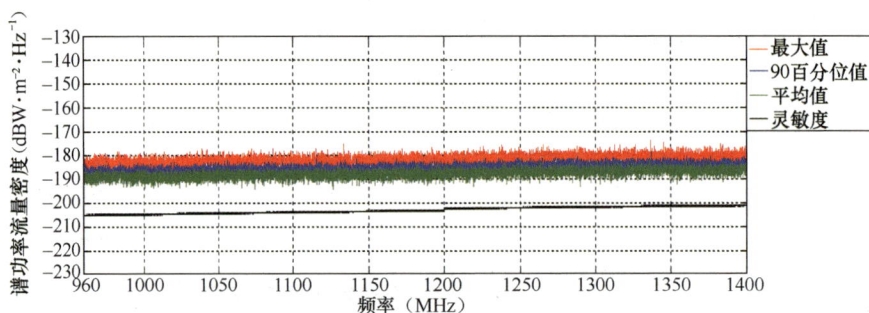

图 4.28　大窝凼电磁波环境测试结果（960～1400MHz）

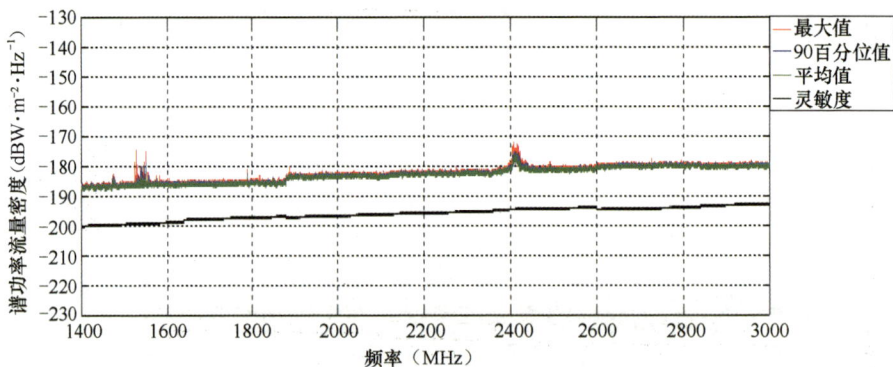

图 4.29　大窝凼电磁波环境测试结果（1400～3000MHz）

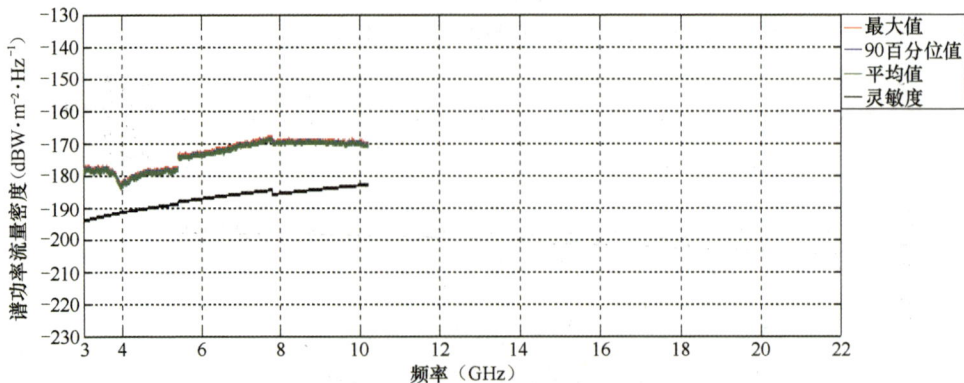

图 4.30　大窝凼电磁波环境测试结果（3～10GHz）

电磁波环境测试（方式 2）的水平极化结果如图 4.31 至图 4.36 所示。

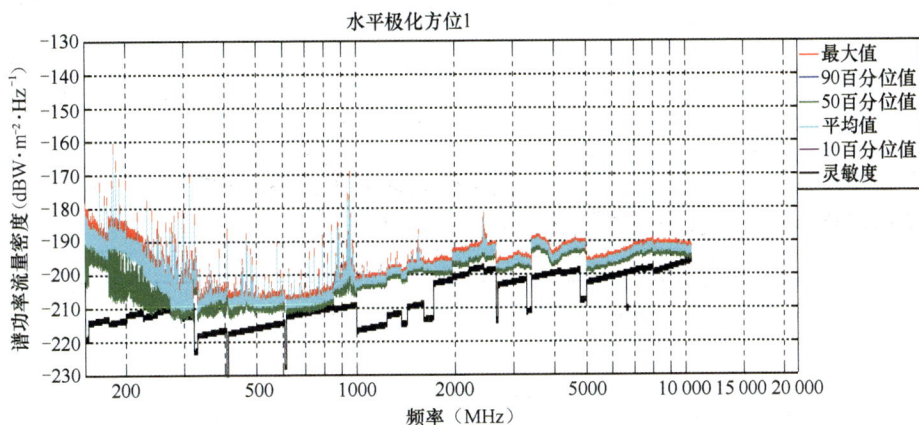

图 4.31　大窝凼电磁波环境测试结果（0° 指向）

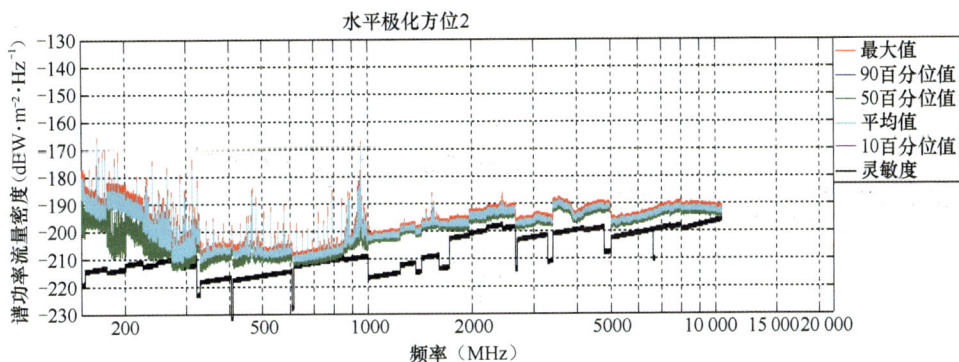

图 4.32　大窝凼电磁波环境测试结果（60° 指向）

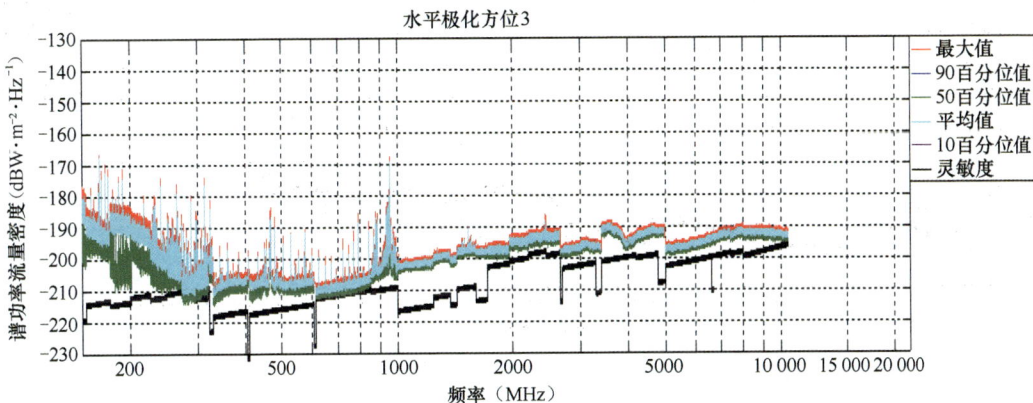

图 4.33　大窝凼电磁波环境测试结果（120° 指向）

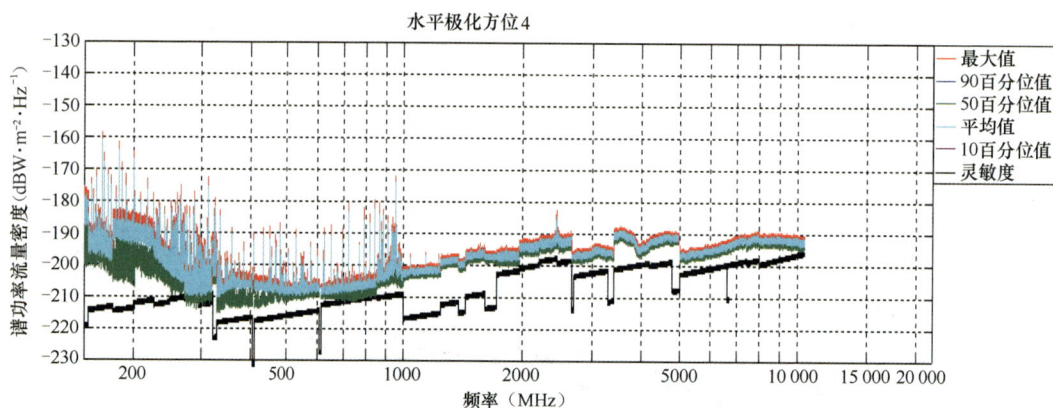

图 4.34　大窝凼电磁波环境测试结果（180°指向）

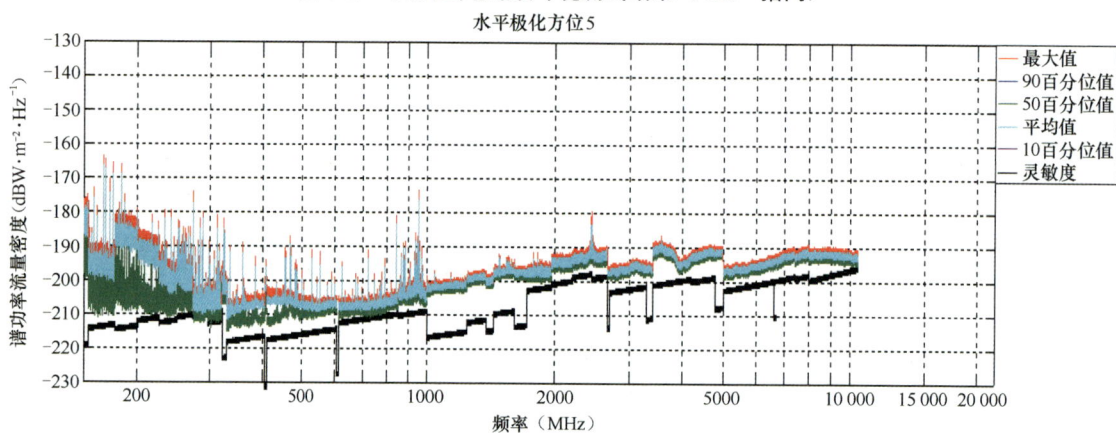

图 4.35　大窝凼电磁波环境测试结果（240°指向）

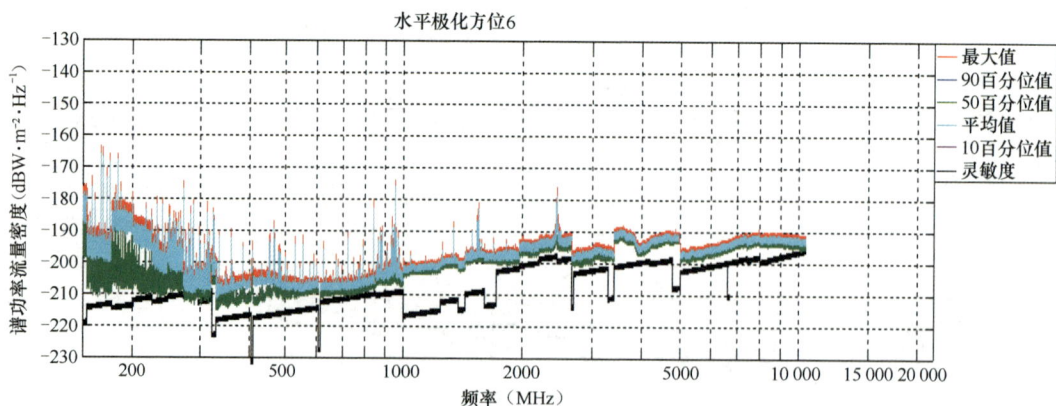

图 4.36　大窝凼电磁波环境测试结果（300°指向）

电磁波环境测试（方式 2）的垂直极化结果如图 4.37 至图 4.42 所示。

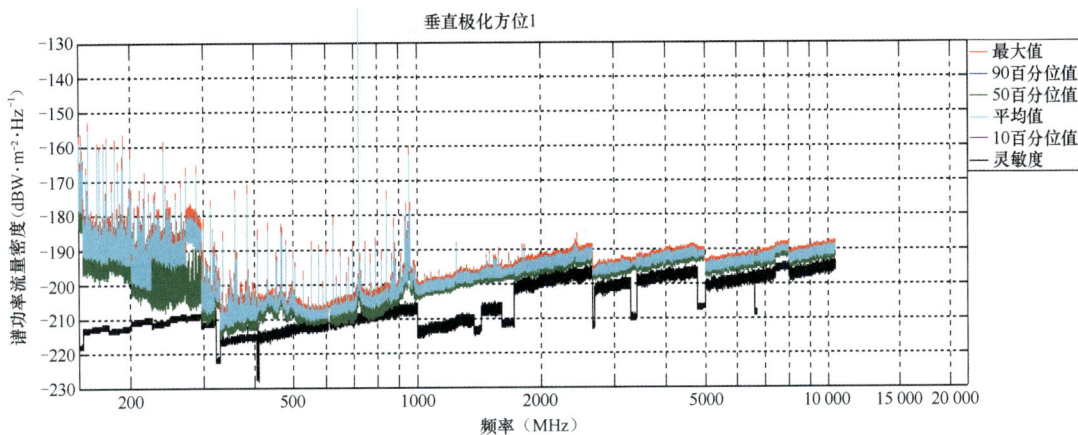

图 4.37　大窝凼电磁波环境测试结果（0° 指向）

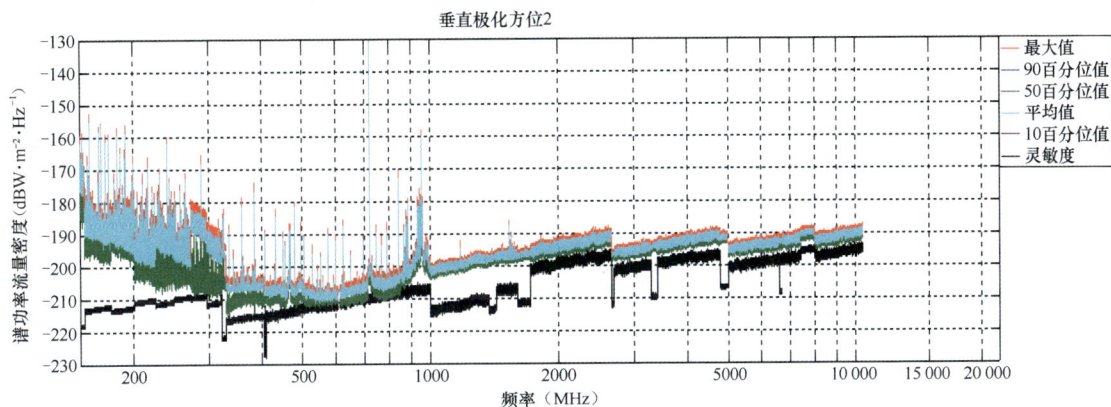

图 4.38　大窝凼电磁波环境测试结果（60° 指向）

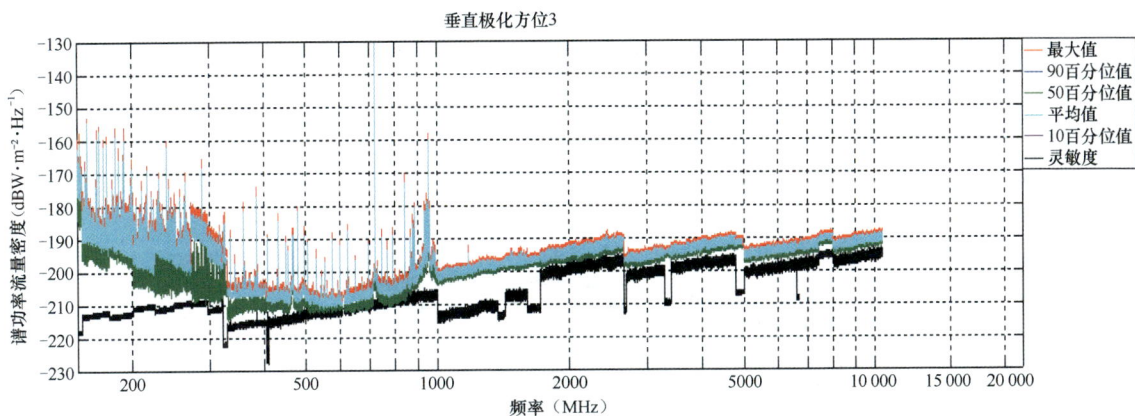

图 4.39　大窝凼电磁波环境测试结果（120° 指向）

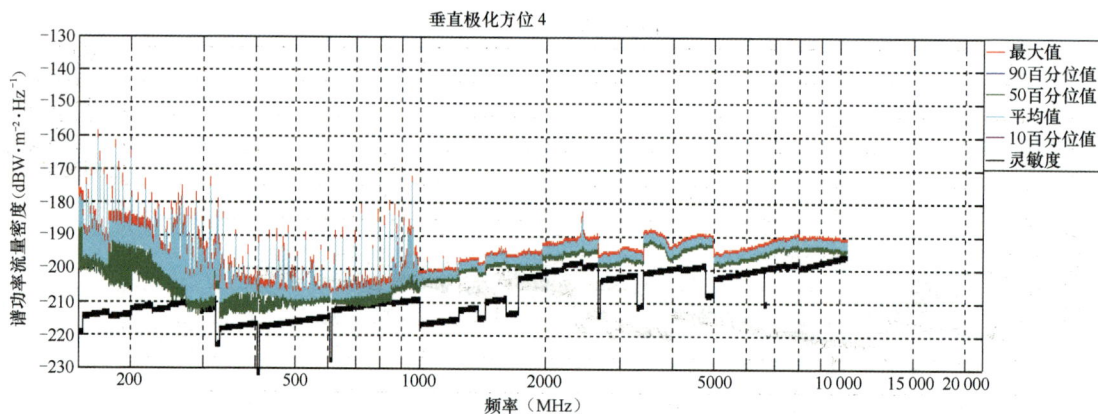

图 4.40　大窝凼电磁波环境测试结果（180°指向）

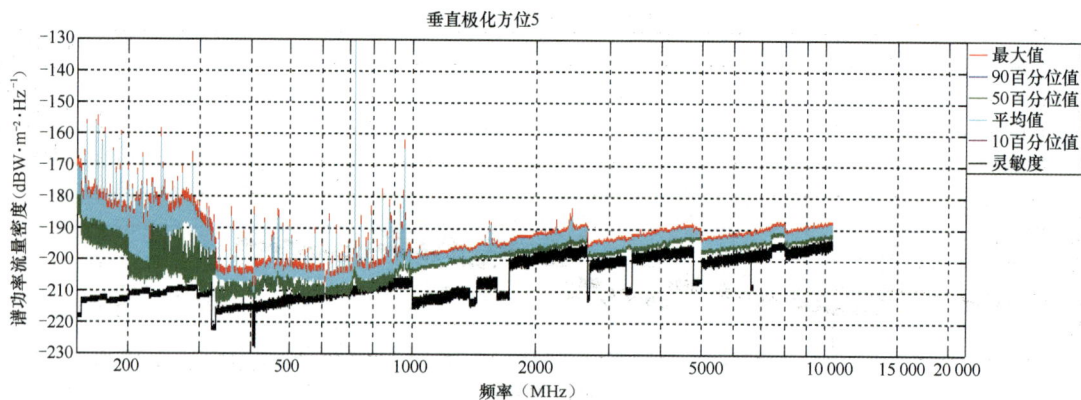

图 4.41　大窝凼电磁波环境测试结果（240°指向）

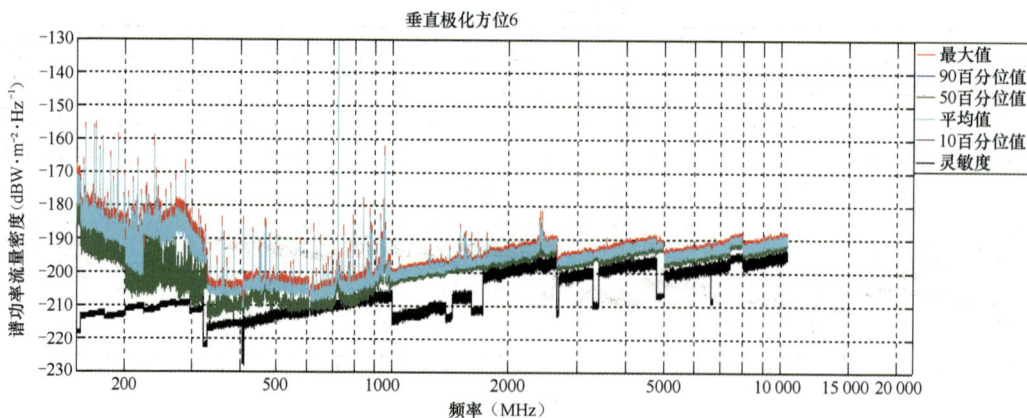

图 4.42　大窝凼电磁波环境测试结果（300°指向）

3. FAST 运行期台址电磁波环境常规监测

FAST 运行期台址电磁波环境常规监测使用的设备主要有频谱仪、低噪声放大器、宽带对数周期天线等，相关设备示意及性能如图 4.43 所示。监测点为望远镜 7H 塔底平台，高度略高于望远镜圈梁，天线距地面高度约 2m，指向为北偏东方向，监测位置如图 4.44 所示。监测周期以月度形式记录台址电磁波环境情况及发展趋势。

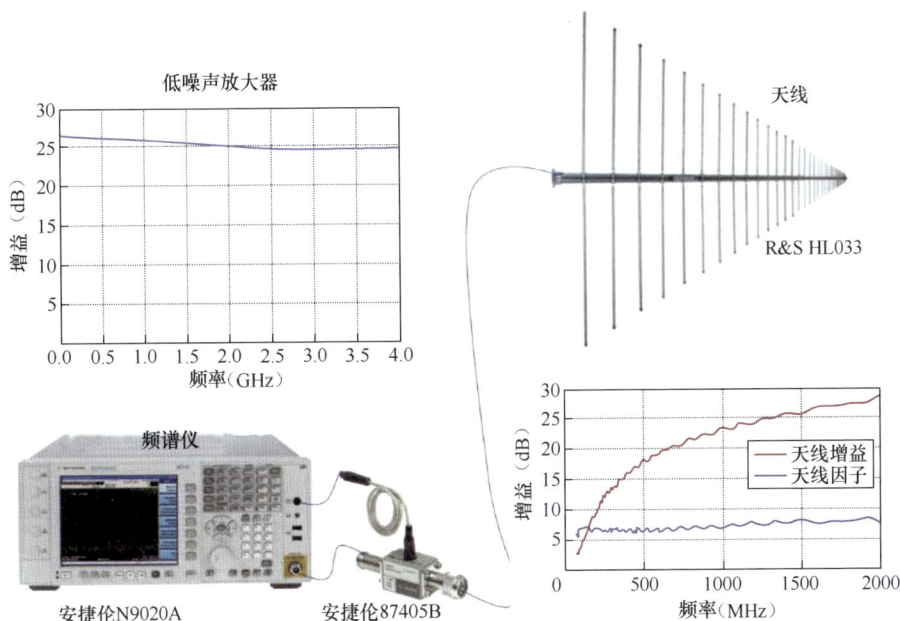

图 4.43　监测系统设备示意及性能

图 4.44　FAST 运行期台址电磁波环境常规监测位置示意

在射电天文业务中，电磁波环境关心的指标是谱功率流量密度（Spectral Power Flux Density，SPFD）。通常，干扰监测时在频谱仪上所得的读数为功率，需将这一数据转换为谱功率流量密度，数据处理方法如下：

$$P_r = P_i - G_R \qquad (4.11)$$

式中，P_i 是频谱读数（单位为 dBm）；G_R 是测试系统增益（单位为 dB）；P_r 是实际的接收功率（单位为 dBm）。

监测到的干扰信号的谱功率流量密度 $\varPhi$ 由式（4.12）计算得出：

$$\varPhi = P_r - A_e - B - 30 \qquad (4.12)$$

式中，A_e 为监测天线有效面积，单位为 dB·m^2；B 为监测设备测试带宽，单位为 dB·Hz。

FAST 运行期台址电磁波环境常规测试参数设置如下：监测频段 50 ～ 1000MHz，RBW=30kHz，VBW=1000Hz；监测频段 1000 ～ 2000MHz，RBW=30kHz，VBW=1000Hz；监测频段 2000 ～ 3000MHz，RBW=30kHz，VBW=1000Hz。

2021 年 12 月，FAST 运行期台址电磁波环境常规监测结果如下。

（1）50 ～ 1000MHz 频段监测结果

该频段的监测结果如图 4.45 所示。蓝线和红线分别是测试结果的最大值和平均值曲线。

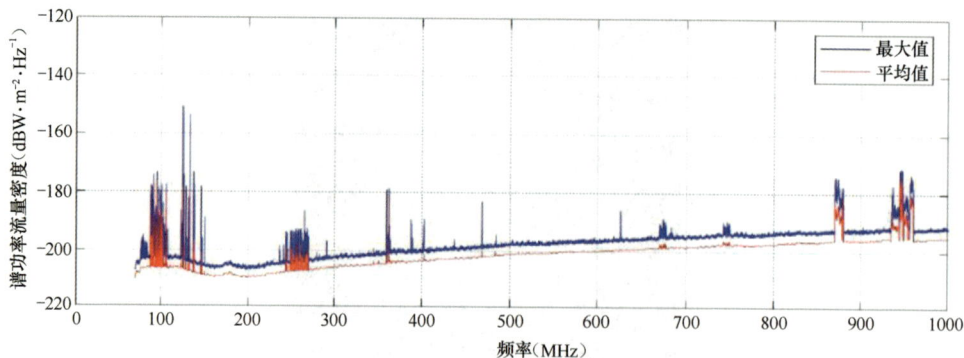

图 4.45　50 ～ 1000MHz 频段监测结果

基于监测结果，获得的该频段的主要干扰来源见表4.13。

表 4.13　50 ～ 1000MHz 频段的主要干扰来源

干扰频率或频段（MHz）	干扰来源
87 ～ 108	调频广播
117 ～ 137	民航
145.9	业余无线电对讲
147	森林防火
175 ～ 183	开路电视
183 ～ 191	开路电视
245 ～ 270	FLTSATCOM（卫星）
361 ～ 368	公安集群对讲下行
470 ～ 478	开路电视
478 ～ 486	开路电视
486 ～ 494	开路电视
625.5	开路电视
644.9	开路电视
670.7 ～ 684.7	数字电视
742.4 ～ 749.4	数字电视
833	中国电信码分多址（Code Division Multiple Access，CDMA）上行
870 ～ 880	中国电信 CDMA 下行
935 ～ 954	中国移动全球移动通信系统（Global System for Mobile Communications，GSM）下行
954 ～ 960	中国联通 GSM 下行

（2）1000 ～ 2000MHz 频段监测结果

该频段的监测结果如图 4.46 所示。蓝线和红线分别是测试结果的最大值和平均值曲线。

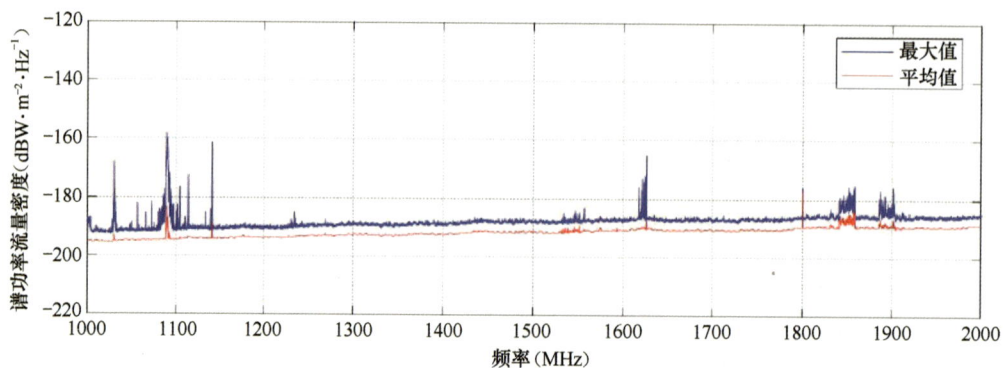

图 4.46　1000 ～ 2000MHz 频段监测结果

基于监测结果，获得的该频段的主要干扰来源见表 4.14。

表 4.14　1000 ～ 2000MHz 频段的主要干扰来源

干扰频率或频段（MHz）	干扰来源
1030 ～ 1140	民航
1525 ～ 1559	国际海事卫星系统
1616.06 ～ 1625.5	铱卫星电话
1800	监测系统自身
1842 ～ 1859	4G 网络频分双工下行

（3）2000 ～ 3000MHz 频段监测结果

该频段的监测结果如图 4.47 所示。蓝线和红线分别是测试结果的最大值和平均值曲线。

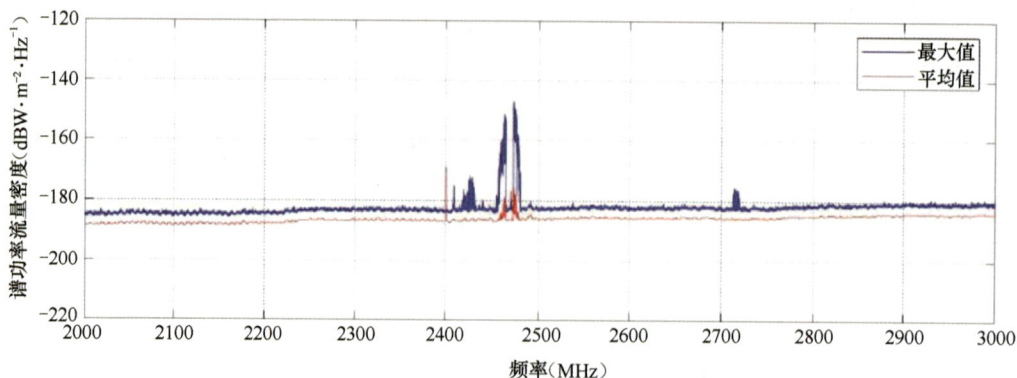

图 4.47　2000 ～ 3000MHz 频段监测结果

基于监测结果，获得的该频段的主要干扰来源见表 4.15。

表 4.15 2000～3000MHz 频段的主要干扰来源

干扰频率或频段（MHz）	干扰来源
2176～2196	未知来源
2400	监测系统自身
2400～2480	Wi-Fi 或蓝牙
2492	北斗卫星

4.4.3 干扰消减技术研发

为消除和缓解电磁干扰对 FAST 正常观测的影响，深入开展了干扰消减技术研究，主要包括干扰识别和分类提取、干扰统计分析和干扰数据库建设等。目前，无线电干扰识别通常是在已知干扰源时间频率特性的基础上，利用阈值法或基于经典机器学习中的分类聚类方法实现的。这两种方法通常无法兼顾瞬时和周期干扰源，因此制约了干扰识别率和抗干扰能力的提高。近年来，人工智能水平取得了飞速发展，基于深度神经网络的模型在图像识别、语音识别等领域都取得了突破性进展。与传统方法比，深度学习具有更好、更高效的特征提取能力以及更强的分类性能，因此有望解决无线电干扰识别中的一些难题。FAST 所接收的信号可借助频谱分析仪得到二维时间频率图像。基于卷积神经网络的解决方案（技术路线）是将二维时间频率图像按像素分类（分割），再通过阈值处理过程来解决无线电干扰识别和消除问题。

1. 空间滤波和阈值法

为了获得更大的视场并提升 FAST 的巡天效率，2019 年，FAST 装备了 L 波段 19 波束接收机。19 波束的馈源位于 FAST 的焦平面上，对应指向不同的天区，因此接收到的天文信号在波束间的相关性不强。但对于卫星来说，波束具有一定宽度，当主瓣或旁瓣指向望远镜时，会同时覆盖望远镜

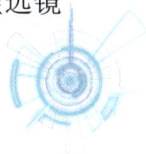

的多个波束并且信号会被多个波束同时接收。因此，来自卫星的干扰信号在波束间具有较强的相关性。FAST 19 波束接收机为空间滤波技术在 FAST 干扰消减中的应用创造了条件。

借鉴 Kocz 等人（2010 年）在澳大利亚帕克斯射电望远镜的多波束接收机上应用空间滤波技术的成功经验，FAST 团队设计了一套适用于 FAST 19 波束接收机的干扰消减方法。该方法主要包括数据的预处理（对数据基线的拟合及去除），构造空间滤波器（计算波束间信号的协方差矩阵，结合子空间投影技术设计滤波器），干扰标记及结果生成（结合阈值法对受污染的数据进行标记并生成 mask 文件供后续使用）。

（1）基线拟合及去除

在实际的观测数据中，由于多个波束之间的系统噪声存在差异，如果直接计算协方差矩阵会引入一些系统误差，不能够真实反映实际接收信号之间的相关关系，更会导致后续构造的空间滤波器不能很好地符合干扰的空间特性。因此，在构造空间滤波器之前要对波束之间的系统噪声进行校准。对于 FAST，通过对多波束数据进行基线拟合及去除来达到相同的效果。

目前，基线拟合可以分为表面拟合以及频谱拟合两种方式。滑动窗高斯滤波、小波变换以及 ArPLS 几种算法对于 FAST 数据的基线拟合结果如图 4.48 所示，明显地，在全带通信号区域以及窄带信号区域，使用三种拟合算法能够很好地得到基线，且差异不大。但在宽带信号区域，滑动窗高斯滤波和小波变换拟合的基线会高于真实的基线。

表 4.16 给出了三种算法的平均运行时间，测试的数据为单个 FAST 的 PSRFITS 文件，包含 256 个时间子积分和 4096 个频率通道。从表 4.16 中可以看出，小波变换算法运行速率最快，ArPLS 算法次之，滑动窗高斯滤波算法运行时间最长。这是由于 ArPLS 和滑动窗高斯滤波两种算法都是需要迭代计算的，并且滑动窗高斯滤波需要处理二维数据，因此需要更多的运行时间。综合考量算法的准确性以及运行效率，在干扰消减流程中选取 ArPLS 作为基线拟

合及去除方法。

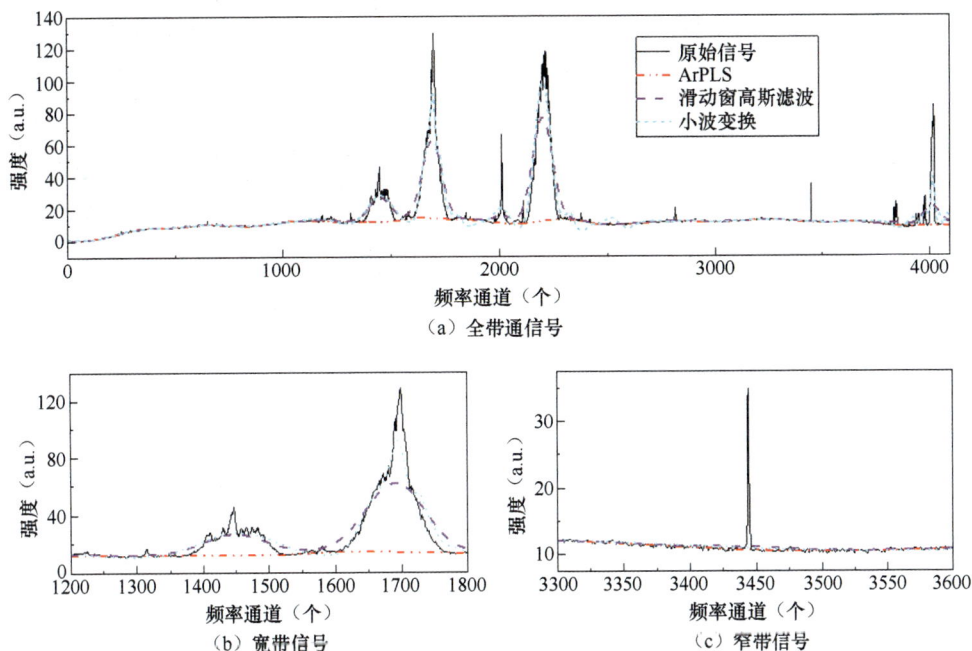

图 4.48　基于滑动窗高斯滤波、小波变换及 ArPLS 算法得到的基线拟合结果对比

表 4.16　滑动窗高斯滤波、小波变换及 ArPLS 算法平均运行时间

拟合算法	平均运行时间（s）
滑动窗高斯滤波	337.84
小波变换	2.7
ArPLS	32.19

图 4.49 给出了原始数据与使用 ArPLS 算法去除基线后数据的对比。原始数据中包含来自卫星等其他无线电业务以及脉冲星 J0528+2200 的信号，在利用 ArPLS 算法处理后，这些真实接收的信号得到保留，来自系统自身的偏差得到校准和去除。

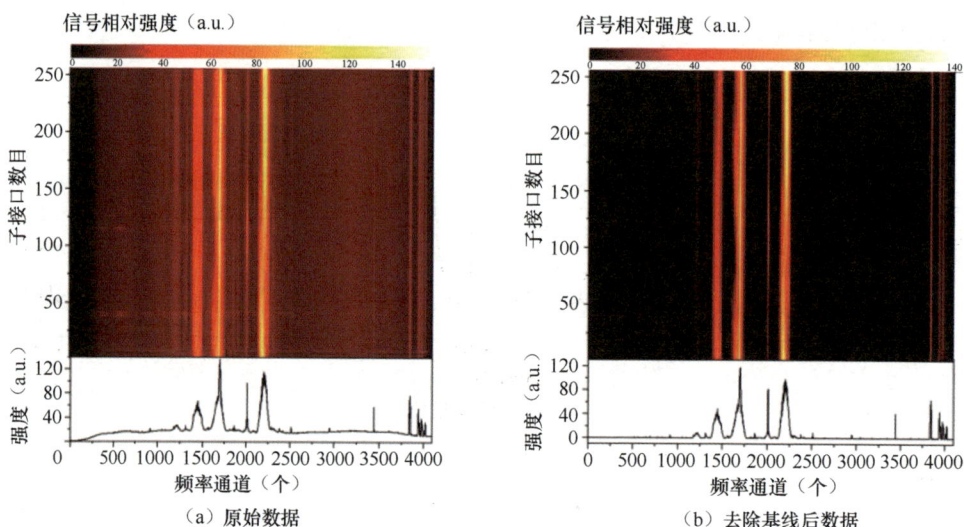

图 4.49　原始数据与使用 ArPLS 算法去除基线后的数据对比

（2）空间滤波器设计

对于多波束接收机，在观测时不同的波束指向不同的天区，因此接收到的天文信号之间的相关性弱。尤其是在点源（如脉冲星）的观测中，来自同一脉冲星的信号在某一时间只会被一个波束所接收。对于一些特别强的脉冲星，当其处于波束之间的区域时，才有可能被多个相邻的波束同时探测到。此外，多波束接收机的波束之间的距离很近，在计算过程中可以忽略信号到达不同波束的时间差，即相位信息。以 FAST 19 波束接收机为例，接收机的直径约为 1.5m，对应波束间的最大时延应小于 5ns，相较脉冲星终端的积分时间（49.152μs）可以忽略不计。基于 FAST 19 波束接收机，给出多波束接收机的信号模型。

（3）干扰标记

在本书提出的干扰消减流程中，由于缺乏对干扰空间特性的先验知识，将最大特征值对应的特征向量视为干扰的子空间，并用于构造空间滤波器。这样的做法存在两个问题：在没有干扰的区域，如果存在天文信号，信号特征分解后可能会被包含在干扰子空间中，并被错误地消减；在干扰信号复杂的区域，干扰信号会分布在多个特征方向，单纯去除能量最大方向上的成分会导致干扰消减不完全，存在残留的 RFI。为了避免上述情况，在空间滤波之后进一步结合阈值法标记干扰信号，对空间滤波前后数据间的差值进行统计，并作为设定阈值的基准，超过阈值的部分认定为 RFI，标记为 1，其他部分标记为 0。

在得到标记的结果后，将其打包为 mask 文件（PRESTO 中 rfifind 生成的标记文件格式）用于后续的处理。mask 文件是一种二进制文件，包含观测数据的基本信息以及干扰标记结果。基本信息包含开始观测的时间、采样时间间隔、时间采样的数目、观测的频率通道数目及带宽等。干扰标记结果包含被全部标记的时间和频率通道、每个时间间隔中被标记的通道等。将这些信息按照顺序写入 mask 文件即可用 PRESTO 进行后续的处理。

（4）试验结果

为了验证 ArPLS-SF（Spatial Filter，空间滤波器）的准确性，使用包含强脉冲星信号的 FAST 19 波束巡天数据进行试验。这里以脉冲星 J0528+2200 为例，在巡天过程中，它从 FAST 的中心波束（波束 1）移动到波束 1 与波束 2 之间。在数据记录中，波束 1 探测到三个脉冲，其中有一个脉冲同时被波束 2 探测到。先对 19 个波束的数据分别进行基线拟合及去除；之后利用协方差矩阵和干扰子空间构造空间滤波器，将干扰成分从数据中提取出来；最后结合阈值法进行干扰标记并将结果存入 mask 文件。

图 4.50 给出了波束之间协方差矩阵特征分解后的部分特征谱。从特征谱可以看到，除了干扰子空间以及噪声子空间外，在 FAST 中还存在残留干扰子空间，它们的特征谱与干扰子空间有着相似的形态，但其能量值要小得多。一个可能的原因是同一频段的信号来自多个干扰源，空间特征比较复杂。仅仅滤除最大干扰方向的信号并不能完全去除干扰信号，会在其他特征空间上残留；另外，当干扰源相对接收机运动时，会使干扰的空间特征出现拖尾效应，使得干扰特征谱在空间展宽，从而产生残留干扰子空间。

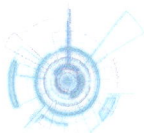

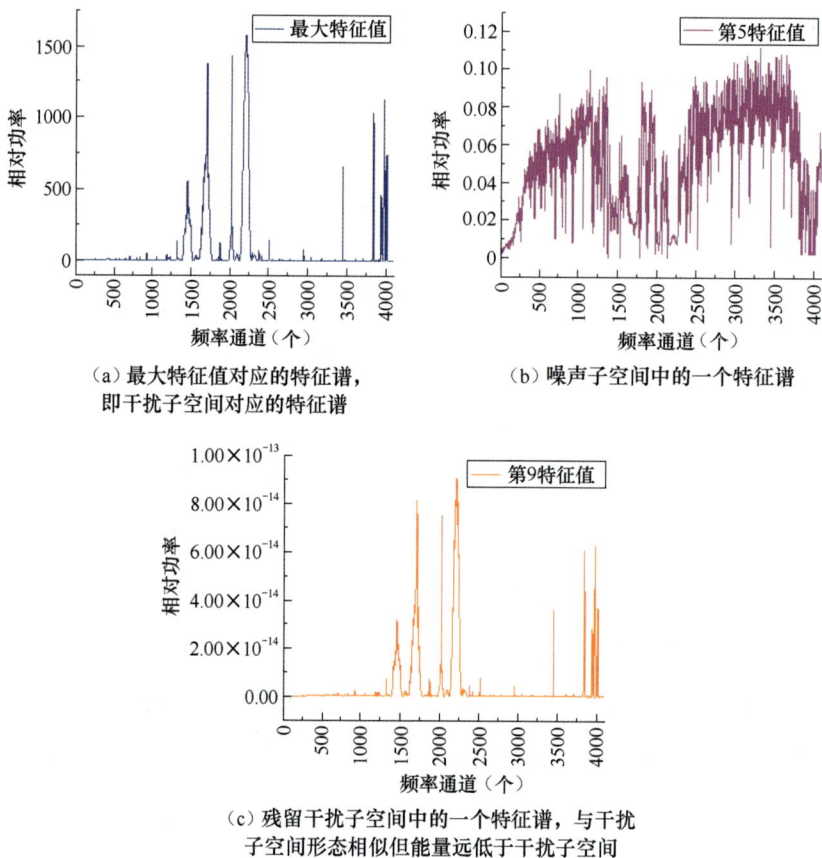

（a）最大特征值对应的特征谱，
即干扰子空间对应的特征谱

（b）噪声子空间中的一个特征谱

（c）残留干扰子空间中的一个特征谱，与干扰
子空间形态相似但能量远低于干扰子空间

图4.50　协方差矩阵特征分解后的部分特征谱

为了解决空间滤波中存在的问题，进一步结合阈值法对干扰污染的数据进行标定。一方面能够使干扰去除更加彻底；另一方面，在没有干扰的区域，天文信号不会被错误地标记。图4.51分别给出了几种基于空间滤波器方法的测试结果，其中，图4.51（a）给出了ArPLS-SF将干扰子空间去除之后的残留信号，可以看出在滤波之后干扰信号的强度大幅度降低，但仍然存在一些残留的干扰信号混在其他的特征方向中。此外，试验所选取的数据的脉冲星信号较强，在没有干扰的区域，脉冲星的数据会占据最大的特征方向，导致信号受到一定的消减。图4.51（b）～图4.51（d）分别给出了ArPLS-SF、滑动窗高斯滤波-空间滤波器（GF-SF）以及小波变换-空间滤波器（Wavelet-SF）三种不同的基线去除方法结合空间滤波技术得到

的干扰标记结果。对比发现，ArPLS–SF 对干扰的标记最充分，并且脉冲星信号得到保留；GF–SF 在部分没有干扰的区域会将脉冲星信号错误地标记，这是由于它是通过平滑实现基线去除，会将脉冲星信号在时域上延展，增强了空间滤波器对脉冲星信号的消减作用；Wavelet–SF 只在窄带干扰的区域表现良好，在宽带干扰区域标记很不充分。对比三者在干扰标记的准确性、充分性以及运行速度上的综合表现，ArPLS–SF 表现最优。

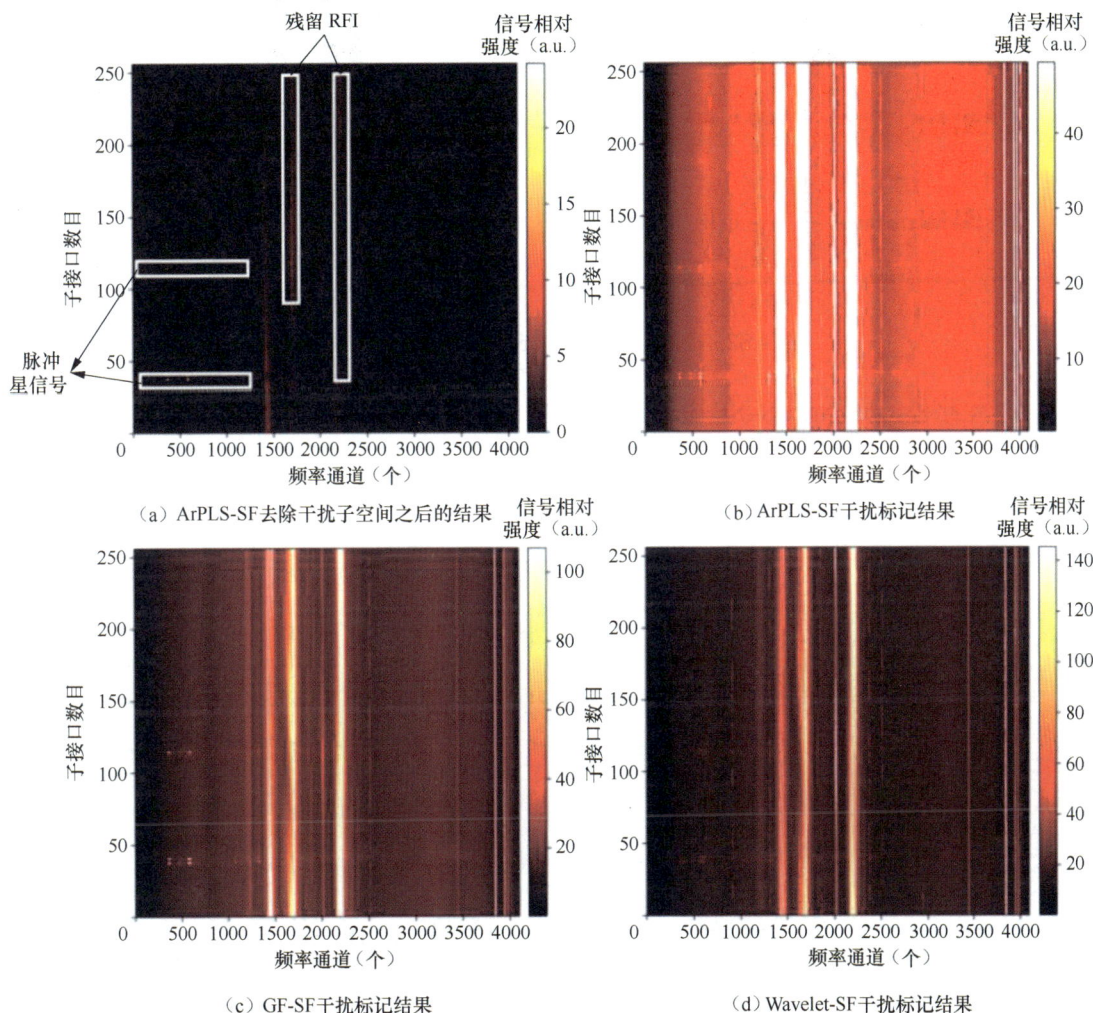

（a）ArPLS-SF去除干扰子空间之后的结果

（b）ArPLS-SF干扰标记结果

（c）GF-SF干扰标记结果

（d）Wavelet-SF干扰标记结果

图 4.51　空间滤波结果

此外，图 4.52 给出了 rfifind 与 ArPLS–SF 干扰标记结果对比。在相同

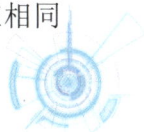

的时间分辨率和频率分辨率下，ArPLS–SF 能够标记更多的干扰信号并且不会错误地标记脉冲星信号；而 rfifind 在处理强脉冲星数据时只考虑了单个波束的信息，因此，一旦信号超出阈值就会被错误地标记为干扰信号。因此，虽然 ArPLS–SF 在运行效率上要低于 rfifind，但具有更高的可靠性。

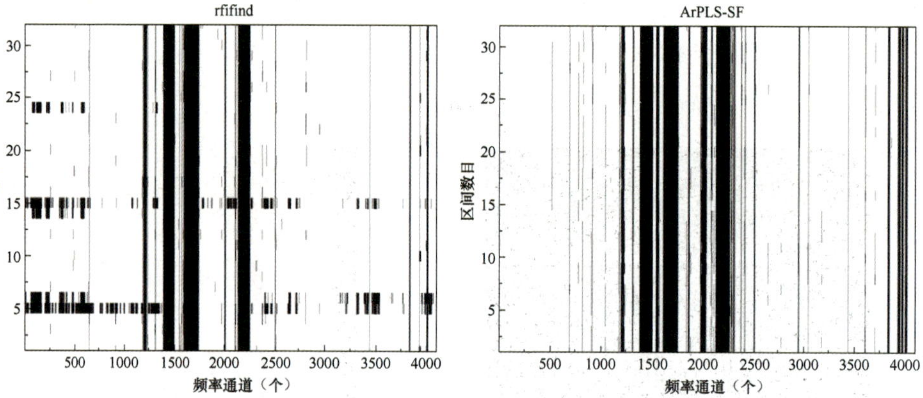

图 4.52　rfifind 与 ArPLS–SF 干扰标记结果对比

　　此外，在 ArPLS–SF 中存在多个文件的数据读取和写入操作，这些操作可以通过并行来优化加速。由于数据的读取主要受限于硬盘和输入输出的速度，对 CPU 的要求不高，因此采用多线程的方式去提升读写速度。在数据预处理阶段包含大量独立、重复的矩阵运算，主要依赖 CPU 的核数和计算能力，因此采用多进程的方式进行优化加速。在构造空间滤波器时，主要包括大批次的奇异值分解（Singular Value Decomposition，SVD）运算，将其放在 GPU 上实现批量处理。表 4.17 给出了算法优化前后各阶段的平均运行时间。在优化之后，数据读取和基线校准的速度提高了近 4 倍，空间滤波的速度提高了大约 2 倍，整体的速度提高了约 2.5 倍。

表 4.17　优化前后各阶段的平均运行时间

操作	优化前时间（s）	优化后时间（s）
数据读取	24.11	4.83
基线校准	148.58	32.19

续表

操作	优化前时间（s）	优化后时间（s）
空间滤波	82.31	28.89
干扰标记及输出	8.00	7.94
总计	263.00	73.85

2. 电磁波传播特性分析软件研发

研发电磁波传播特性分析软件，实现对包含 FAST 观测室在内的国内射电天文台站的使用频段、工作相关区域对应业务的无线电波传播特性的分析，为射电天文台站布设、业务间兼容分析提供基础支撑。基于无线电气象环境建模技术和无线电波传播预测技术的应用，可进行台址周边点对点、点对面传播损耗及场强分布的仿真分析和计算；开展 30MHz ～ 50GHz 频段的点对点、点对面传播损耗统计特性分析，适用区域为东经 70°～ 135°、北纬 10°～ 55°。

3. 卫星干扰监测系统研发

卫星干扰监测系统针对 FAST 运行过程中受到在轨卫星干扰的问题，旨在建立一套在轨卫星干扰监测系统，用以预测、识别在 FAST 观测过程中对其可能造成电磁干扰的卫星，给出干扰卫星的详细信息、发生干扰的起止时刻、干扰卫星相对 FAST 波束中心的运行轨迹等信息，从而进行在轨卫星电磁干扰预报。还可以对指定的卫星进行监测跟踪，对特定的波束轨迹进行扫描，获取 1 ～ 5GHz 频段内的电磁频谱信息。

（1）系统具体功能与指标

➢ 可实现 1 ～ 5GHz 频段的电磁频谱监测。

➢ 可实现对所有在轨卫星的定位和跟踪，并具有过顶跟踪能力。

➢ 具备接收双圆极化信号的能力，并能实时远程切换。

➢ 在要求的带宽内系统噪声温度小于 300K（指天、环境温度 290K）。

➢ 具有与 FAST 波束扫描轨迹随动的功能。

➢ 具有远程控制功能。

➢ 1 ～ 5GHz 的增益大于 30dBi。

➤ 天线口径为 4.5m。

➤ 反射面焦比 f/D=0.4。

➤ 低噪声放大器在工作频段内的增益大于 23dB，驻波比小于 2。

（2）跟踪转台的机械性能指标

➤ 转动范围：x、y 轴，±90°（指天为 0°）。

➤ 转动速度：x、y 轴，0.01°/s～5°/s。

➤ 转动加速度：x、y 轴，5°/s^2。

➤ 跟踪精度：≤ 0.2°。

➤ 指向精度：≤ 0.1°。

➤ 测角精度：≤ 0.1°。

（3）系统总体设计

系统总体设计见图 4.53。天线采用 4.5m 口径前馈标准反射面天线，馈源为 1～5GHz 超宽带馈源；为馈源配备低噪声放大器，以及左右旋通道选择开关；天线座采用 x–y 座架形式，配备精密行星齿轮减速器和高精度绝对式光电轴角编码器；系统采用较成熟的技术以及国内外先进的货架式设备和器件，确保系统在长期运行中的高可靠性。

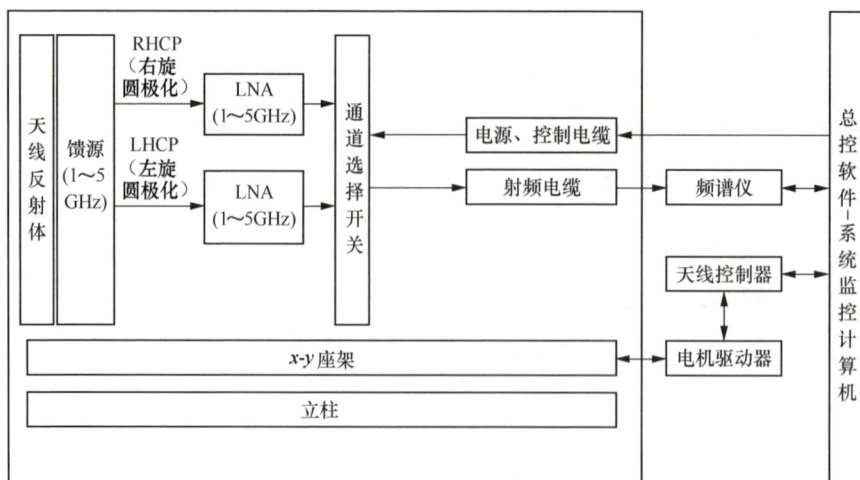

图 4.53　系统总体设计

目前，卫星干扰监测系统已投入 FAST 正常使用，可开展相应空域的电磁干扰监测、指定卫星的跟踪测试和验证。监测天线实物外观见图 4.54。图 4.55 显示了 GPS 卫星跟踪测试结果。

图 4.54　监测天线实物外观

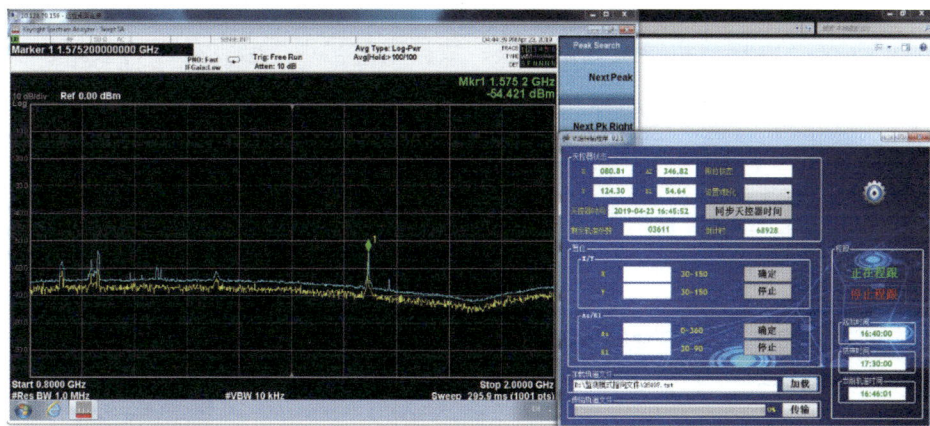

图 4.55　GPS 卫星跟踪测试结果（转台控制正常工作，频谱信息符合卫星下传信号特征）

4. 干扰数据库研发

随着电磁波环境监测的进行，新的 FAST 监测数据不断产生，而历史监测数据自有其保存的意义和价值，因此 FAST 监测数据量将逐渐增长。为此，建立了 FAST 干扰数据库，用于监测数据的存储。干扰数据库采用高性能机架式服务器 ProLiant DL380 Gen10（见图 4.56）作为存储服务器，预留 73TB 容量用以存储数据，并开发"大口径射电望远镜无线电干扰数据管理平台"，用以管理电磁波环境监测数据。干扰数据库实现了与 5H

馈源支撑塔顶监测系统的连接，可实时传输与存储塔顶监测系统的电磁波环境监测数据，并可进行实时显示。

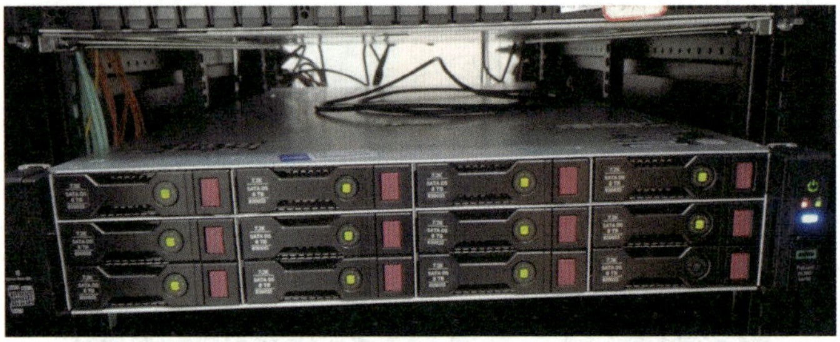

图 4.56　高性能机架式服务器 ProLiant DL380 Gen10 实物

图 4.57（a）所示为大口径射电望远镜无线电干扰数据管理平台主界面，平台在服务器内运行，利用 MATLAB、MySQL、PHP、HTML5、CSS3、JavaScript 等编程语言实现数据回放、数据实时呈现、数据处理、数据传输存储及数据的查收与管理等功能。图 4.57（b）所示为干扰数据查看和分析界面，可对监测数据进行查找、筛选与调取，以及数据实时传输时的实时数据可视化，也可进行数据回放。

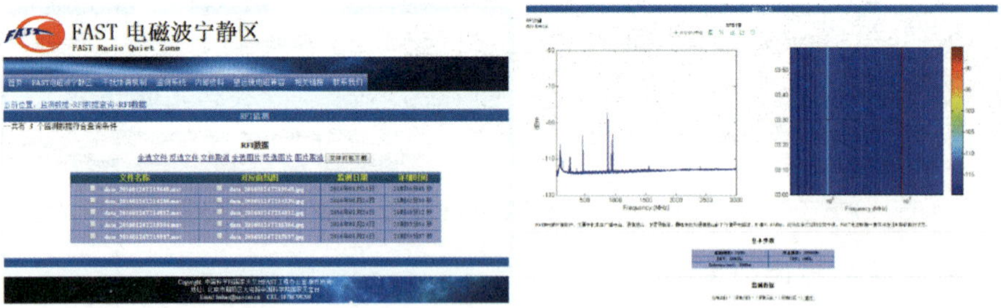

（a）主界面　　　　　　　（b）干扰数据查看和分析界面

图 4.57　大口径射电望远镜无线电干扰数据管理平台主界面及干扰数据查看和分析界面

5. 卫星干扰数据库研发

随着卫星业务的发展，卫星成为各射电望远镜的主要干扰源之一。目前 FAST 已建立卫星干扰数据库，针对 FAST 观测过程中的卫星干扰问题，监测 FAST 台址上空卫星过境情况、频谱信息，为 FAST 的观测任务提供相应的规避策略制定支持。

卫星干扰数据库用于支持卫星干扰的预报计算，并提供相关观测信息的标记管理等。卫星干扰数据库应包含所有已发射卫星的归档参数、卫星载荷类型、信号频段等基本信息。这里的卫星主要是指工作的卫星，因为只有工作的卫星才能够对 FAST 产生干扰。

卫星干扰数据库可以根据需求进行快速查询、分类、筛选、检索，该数据库既可以通过通用的数据库软件进行维护，也可以通过浏览器界面进行简单的编辑维护。卫星干扰数据库具备对卫星属性项目进行编辑的功能，可以根据后续的需求对相关属性项目进行添加或编辑。卫星干扰数据库由卫星信息表、卫星根数表、频率与等级表三个部分组成。

开发环境包括以下两个方面。

（1）前端

开发语言：JavaScript、IITML。

态势显示：Cesium。

网页元素操作：JQuery。

网页布局：Bootstrap。

数据交互：SignalR。

（2）后端

开发语言：C#。

轨道计算库：STK Component（基础计算库）。

软件需求的硬件环境见表 4.18。

表 4.18　软件需求的硬件环境

硬件名称	指标
CPU	Intel Core Duo、SSE2 Pentium 4 或 Xeon，主频在 2GHz 以上
内存	≥8GB
显卡	独立显卡，显存 512MB 以上，支持 OpenGL 2.0+

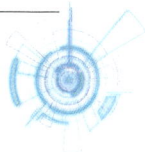

续表

硬件名称	指标
硬盘	容量≥1TB
网卡	软件安装在服务器上可联网操作
操作系统	Windows 7 或 Windows 10（64 位）

FAST 卫星干扰监测系统软件操作界面主要包括运行主界面、登录界面、卫星干扰数据库界面、观测规划界面、非观测模式界面和系统配置界面等。其中，运行主界面包括用户登录、观测规划制定、生成结果文件，同时提供二维和三维的可视化功能。图 4.58（a）所示为卫星信息表数据库，包含卫星国际编号、名称、轨道类型及发射日期等详细信息。卫星干扰数据库可根据 FAST 的各种观测规划，模拟计算观测过程中 FAST 观测指向内的卫星过境情况，图 4.58（b）所示为模拟结果的三维示意。

（a）卫星信息表数据库

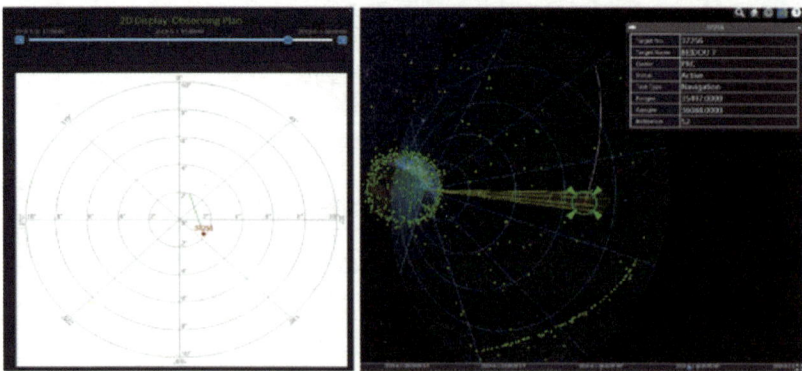

（b）卫星过境三维示意

图 4.58　卫星信息表数据库及卫星过境三维示意

4.4.4　频谱管理措施

随着科学技术的发展，无线电技术已广泛应用于军事、经济、文化、社会管理等各个领域，深入人们日常生活的方方面面。ITU 的《无线电规则》中定义的无线电业务，如移动通信、卫星通信、雷达、导航、遥控、遥测和射电天文等，已广泛地应用于我国的通信、广播、航空航天、公共安全、交通等部门。我国已成为无线电频谱资源开发利用的大国。由于无线电频谱资源的重要性日益凸显，《中华人民共和国物权法》明确规定"无线电频谱资源属于国家所有"。射电天文业务作为无线电频谱资源的用户之一，无偿使用频率，因此更需要合理、有效地利用有限的频谱资源。

与其他无线电业务不同的是，射电天文业务是被动接收来自宇宙的无线电信号，并将天文学与无线电科学相结合的一项业务。在 ITU 的《无线电规则》和《中华人民共和国无线电频率划分规定》里，按主要业务和次要业务给出了射电天文业务的频率划分结果，包括主要的射电天文谱线和连续谱观测频带等。随着射电天文业务的发展，新检测到的更多谱线不在被分配的射电天文频段内。在河外星系中，谱线红移到已划分的频段之外。由于技术发展及射电天文研究的需求，中国射电天文台使用和即将使用的观测频带并不完全符合《无线电规则》的规定，涵盖的频段大部分不是划分给无源业务的频段。在没有出现严重干扰的情况下，观测站仍然可以继续工作，但是在不受保护的频段上观测，随时有遭受干扰的风险。

射电天文学家观测的天体常处在离我们几十亿光年甚至百亿光年外的遥远宇宙空间，来自那些天体的信号非常微弱，高灵敏度接收机的射电天文观测与有源业务的频率分享非常困难。在相同频段，当有源业务发射在射电天文天线的波束中时，频率分享是不可能的。随着宽带数字调制及展谱技术日益发展，在其他频段工作的主动业务也会在射电天文频段产生干扰。地面干扰可通过降低射电望远镜旁瓣增益、利用地形、设置保护距离

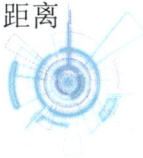

等来消除，而来自空间的干扰则很难屏蔽。

由于射电天文业务的重要性和容易被干扰的特性，建立射电天文业务受干扰程度的评价标准，无论是对于射电天文工作者还是对于无线电管理部门，都十分必要。射电天文业务的工作方式与无线电通信系统的工作方式有很大不同，对干扰程度的评价标准也存在差异，需要专门研究。射电天文台站发现干扰时，主要根据 ITU 和我国的无线电频率划分规定，以及 ITU 的建议书进行理论计算，将 ITU–R RA.769、ITU–R RA.1513 等作为协调依据。各类有源业务的广泛应用，对射电天文业务造成了许多干扰。因此，对射电天文业务的频率保护成为当今天文学家和无线电管理机构共同关心的重要问题。

为推动对射电天文业务的频率保护，加强国内射电天文业务的台站管理，2017 年 4 月，中国科学院国家天文台核实提交资料，经国家无线电管理局向 ITU 上报了包括 FAST 在内的 6 个国内射电天文台站资料，以推动对这些上报台站射电天文业务的频率保护。

| 4.5 FAST 电磁兼容系统调试与运行 |

FAST 良好的电磁波环境需要长期维护，FAST 在建设过程以及运行过程中，一方面对已有的电磁兼容设备和设施开展维护保养；另一方面对更新和增加的设备与设施进行有效的分析和相应的电磁兼容处理，才能避免 FAST 的设备及附属设施产生不利于电磁波环境的辐射，保证 FAST 天文观测活动的顺利开展。

4.5.1 望远镜及附属设施调试与运行

FAST 的调试与运行，涉及数千套电磁屏蔽设备和配套设施，如 2225 台促动器（见图 4.59）、馈源支撑系统的索驱动机房、馈源舱（见图 4.60）、测控机房、全站仪、箱变室、观测基地综合楼总控室、屏蔽机房（见图 4.61）等。为此，FAST 建立了相应的调试和运行机制，对于新增的电磁兼容设备和设施都要进行预先电磁兼容评估，符合要求才能投入使用。例如，在 FAST 综合楼照明灯具的选型测试中，经过电磁辐射检测和分析，对于辐射干扰信号强度超过望远镜干扰阈值的设备，需进一步采取电磁屏蔽等措施消除干扰。

图 4.59　FAST 索网之下林立的促动器均进行了电磁屏蔽处理

图 4.60　馈源舱底部的接收机下平台屏蔽结构与舱体屏蔽布结构

图 4.61　FAST 台址综合楼底部屏蔽机房

金卤灯具有较强的辐射干扰（见图 4.62），因此不使用它，而最终选择辐射低的节能灯或 LED 灯带。由图 4.63 可见，该节能灯产生较少辐射，且辐射主要在 80MHz 以下频段，对 FAST 影响小。经评估，所选择灯具的辐射干扰在到达望远镜接收机馈源口面时的强度，已低于干扰阈值，满足 FAST 的要求，优先选择使用。对于已投入运行的设备和设施，采用定期巡检的方式，对重点设备开展维护和保养，按照运维计划进行月度、季度、

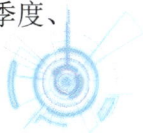

半年和年度电磁兼容测试和评估。

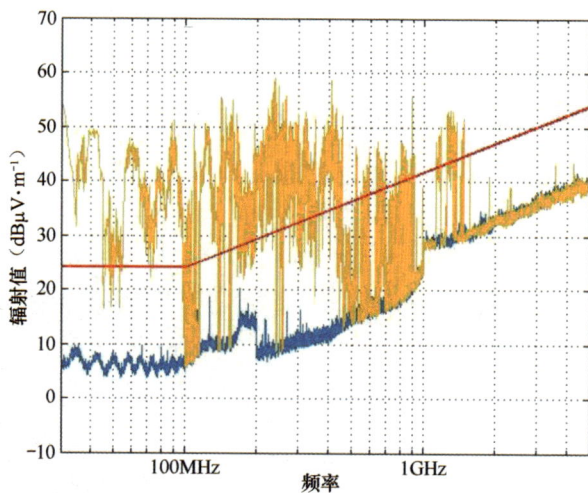

图 4.62　金卤灯辐射测试结果（蓝线为微波暗室背景噪声，黄线为金卤灯辐射测试值，红线为 GJB 辐射限值）

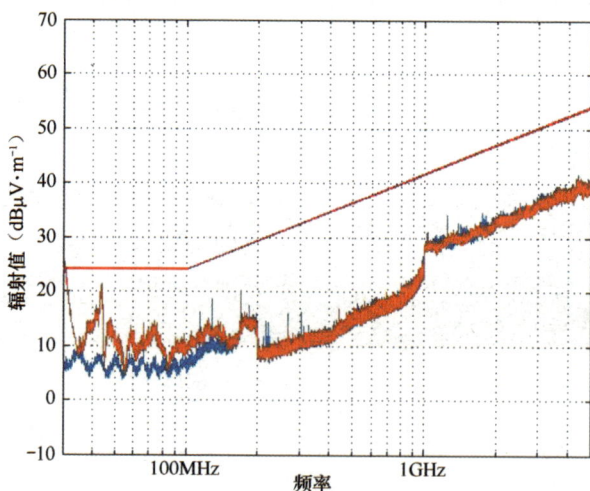

图 4.63　某品牌节能灯辐射测试结果（上方红线为 GJB 辐射限值，下方红线为节能灯辐射测试值，其余曲线为系统背景辐射值）

　　基于 FAST 观测性能的高要求，对屏蔽体屏蔽效能也具有很高要求，相应的标准测试技术往往不能满足 FAST 的屏蔽效能测试需求。利用自主研发的"一种射电望远镜宽带电磁屏蔽效能测试系统"项目，进行 FAST

设备的屏蔽效能测试。图 4.64 显示了全站仪屏蔽罩的屏蔽效能测试场景及吸波性能测试结果。

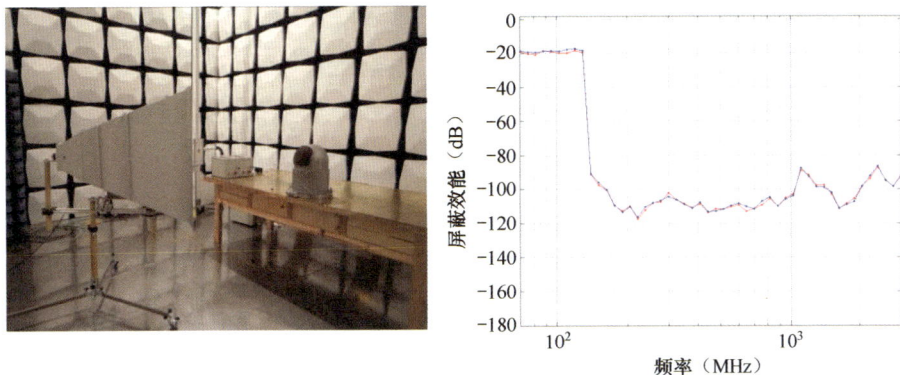

图 4.64　全站仪屏蔽罩的屏蔽效能测试场景及吸波性能测试结果

4.5.2　综合测试微波暗室研发

为适应控制设备（如配电、索驱动、促动器控制及馈源舱内设备都必须管控认证电磁兼容性接入许可）辐射影响检测及 FAST 馈源等微波器件标定测试的多功能需求，有效合理地利用 FAST 现场实验室的基础配套设施，建设了多用途综合测试微波暗室，为 FAST 的正常运行提供有效支撑。

FAST 综合测试微波暗室在观测基地 2 号实验室内，规划建筑面积为 12.0m×12.0m，如图 4.65 所示。作为多用途微波暗室，需要满足 GJB 151B 的试验要求，满足民用标准 3 米法电磁兼容试验要求，兼顾小天线测试要求。

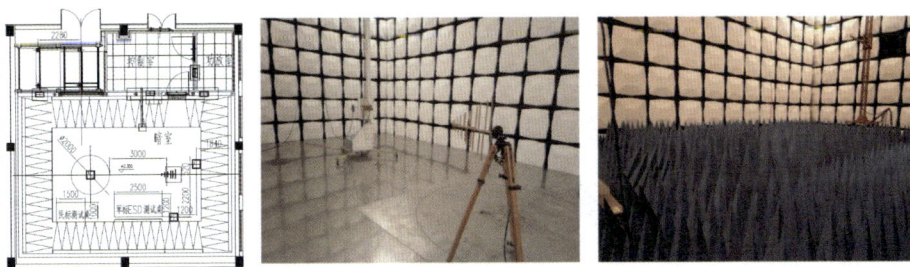

图 4.65　综合测试微波暗室平面图及暗室内部

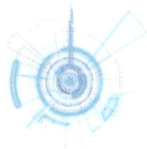

FAST 综合测试微波暗室作为多用途电磁波暗室的设计难点是：电磁兼容暗室试验需要超宽频带。辐射性能测试的 GJB 频率范围为 80MHz ～ 40GHz，民用标准频率范围为 30MHz ～ 18GHz。为了满足与开阔场比对的误差要求，电磁兼容测试对暗室的吸波性能的要求相比天线测试的更低，整个测试频段的吸波性能达到 –20 ～ –15dB 即可；而天线测试频段相对较窄，静区反射电平要求尽量低，对吸波性能要求高，吸波性能参数要小于 –30dB，有的甚至要达到 –55dB。

目前，国内外暗室用吸波材料主要采用两种材质：一种是电介质材料，即角锥吸波材料；另一种是磁性材料，即铁氧体磁瓦。角锥吸波材料在 30MHz ～ 300GHz 频段可以实现高吸收性能（可达 –55dB），但要满足 30MHz 处的吸波性能达到 –15dB，材料厚度约为 3m；铁氧体磁瓦在低频段（30MHz ～ 1GHz）具有很好的吸波性能，但高频段性能很差，且厚度只有 6.5mm 左右，相对角锥吸波材料的厚度，几乎可以忽略不计。在 0.8GHz 以上频段，铁氧体磁瓦吸波性能不能满足天线测试的需要，所以几乎没有一个天线暗室采用铁氧体磁瓦来建设（尤其是 500MHz 以上频段）。

将电磁兼容测试和天线测试组合在一起，建设暗室并不是最佳选择。为了满足 FAST 测试的特殊需要，我们使用大型空心截锥吸波材料，对材料进行进一步优化设计（尤其对高频吸波性能进行优化）：使材料在低频（30MHz）处的吸波性能达到 –15dB，与铁氧体磁瓦吸波性能相当；使材料在高频段（500MHz 以上）的吸波性能达到 –30dB，既可满足 3 米法电磁兼容试验需要，也可兼顾天线测试需要。实际测试结果表明 FAH–1600 的吸波性能可达到甚至超过铁氧体磁瓦的吸波性能，完全可以满足 FAST 3 米法综合暗室的建设需求。

综合以上分析，在电磁屏蔽室所有墙面和天花板铺设高度为 1600mm 的吸波材料，即空心截锥吸波材料 FAH–1600；地面部分铺设高度为 300mm 的可移动式材料，即高性能角锥吸波材料 FA–300，并按照

CISPR16–1–4(2007) 标准进行场地电压驻波比测试。

FAST 综合测试微波暗室工程主要包括以下 5 个方面。

（1）暗室建设在室内，空间狭小，所有钢材在使用前必须先进行除锈防腐处理，施工过程中同步进行防腐补漆，以保证工程质量。

（2）吸波工程：暗室屏蔽体及附属设施安装完成后，屏蔽检测合格后进行墙面及屋顶的尖劈吸波材料安装。

（3）装饰工程：控制室及功放室屏蔽检测合格后进行室内装修。

（4）附属设施：消防报警系统、通风空调系统、供配电系统、信号滤波器及接口装置、电视监视系统、灯光照明系统、接地系统。

（5）配套设备：转台、天线塔、升降台。

FAST 综合测试微波暗室通过尖劈吸波材料的优化设计，在有限的室内空间集电磁兼容暗室和天线暗室于一体，可满足 FAST 特殊的测试需求。暗室的各屏蔽室共壁，减少了信号转接板数目，缩短了信号电缆长度，通过合理的布局和严格的施工过程管控，FAST 综合测试微波暗室通过了性能测试，性能指标达到优秀水平，并在实际设备的电磁兼容测试中得到应用。

4.5.3　移动通信基站干扰消减

在 FAST 建设期间，FAST 电磁波宁静区内共有无线电台（站）548 台，其中公用移动通信基站 529 台，防汛、气象、公安部门设置无线电台（站）11 台，广电部门设置广播电视发射台 8 台。FAST 的工作频段覆盖 70MHz ～ 3GHz，观测频段覆盖多个移动通信业务频段。移动通信业务发射功率较大，对 FAST 观测构成严重影响，图 4.66 所示为在 FAST 台址监测到的移动通信信号。

图 4.66 展示了 860 ～ 980MHz 频段移动通信基站下行信号，其中 870 ～ 880MHz 频段信号为中国电信基站的下行信号，935 ～ 960MHz 频段信号为中国移动与中国联通基站的下行信号。图 4.67 所示的 1840 ～ 1860MHz

频段信号为中国联通基站的下行信号，1885～1915MHz 频段信号为中国移动基站的下行信号。移动通信基站下行信号频段及大致的业务划分见表4.19。

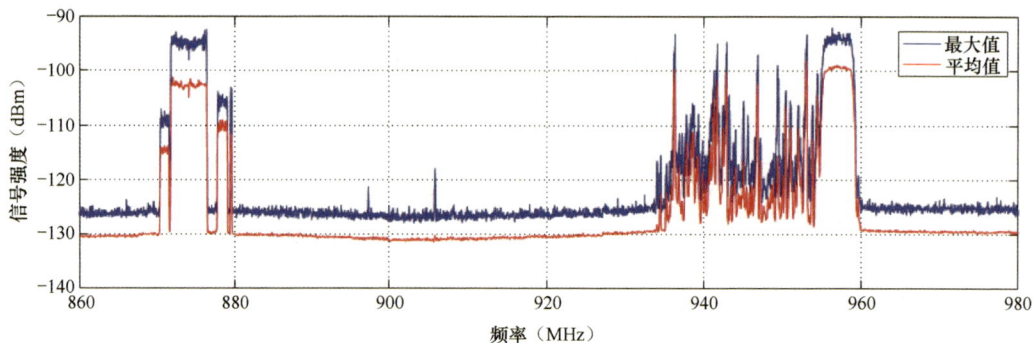

图 4.66　FAST 台址监测到的 860～980MHz 频段移动通信基站下行信号

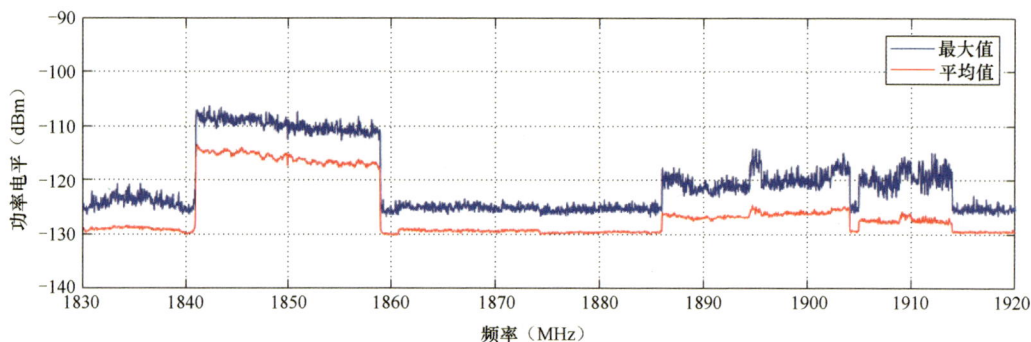

图 4.67　FAST 台址监测到的 1830～1920MHz 频段移动通信基站下行信号

表 4.19　FAST 台址移动通信基站下行信号频段及业务

频段（MHz）	信号业务
870～880	中国电信 CDMA 下行
935～954	中国移动 GSM 下行
954～960	中国联通 GSM/WCDMA 下行
1840～1860	中国联通 GSM1800/DCS1800 下行
1885～1915	中国移动 TD-LTE 下行

注：WCDMA 为 Wideband Code Division Multiple Access，宽带码分多址；DCS 为 Digital Cellular System，数字蜂窝系统；TD-LTE 为 Time Division-Long Term Evolution，时分长期演进。

根据 ITU-R RA.769-2 中的干扰保护限值，基站下行信号强度远远超过干扰保护限值，必定形成干扰。现有移动通信基站下行信号强度对于 FAST 来说，仍处于一个较高的水平，不利于日常观测活动。因此，需适当降低基站干扰信号强度，同时兼顾周边居民的生活便利需求。

1. 核心区基站关闭

2016 年，FAST 建设期间，FAST 与地方运营商合作，在 FAST 台址开展试验，关闭 FAST 电磁波宁静区的核心区内的基站，测试基站信号下降幅度。结果如图 4.68 所示，红线为关闭核心区基站后的信号强度，灰线为未关闭基站时的信号强度。在不同的下行信号频段，干扰信号均有所下降，中国移动基站下行信号总体下降了 40 ～ 50dB，属于大幅下降。中国电信基站下行信号也下降了约 10dB。因此，可优先对最强干扰基站进行调整处理。

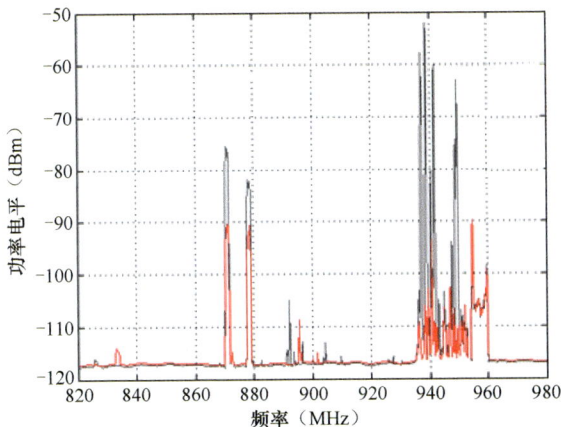

图 4.68　关闭核心区基站，干扰信号大幅下降

FAST 建成后，进入运行调试阶段，5km 核心区内基站全部关闭。此后，经过不时地协调、调整，基站干扰信号维持在比图 4.68 所示的红线略低的水平，虽然台站内手机已无法与外界基站通信，但基站下行信号仍有下降的空间。

2. 移动通信基站干扰排查试验

2018年12月至2019年11月，FAST与中国移动贵州公司黔南分公司开展了多次基站关闭试验。基站关闭时间选择在午夜，以减少对用户生活的影响。涉及电磁波宁静区内基站的试验时，中国移动广西公司也参与其中。

通过操作930～960MHz频段内的周边基站，结果显示，并非所有基站的所有频道都会对FAST形成干扰，通过多次寻找及验证，找出对FAST造成干扰的频道及频率。

在后续中国移动基站干扰排查测试中，针对这些频率所对应的基站进行多次测试，从而甄选出干扰最强、可获得最佳调整效果的基站。在这些测试中，最具代表性的测试结果为2019年3月的测试结果。在这次测试中，测试范围覆盖FAST周边30km区域，测试了覆盖干扰频率的所有基站。

这次测试是中国移动与国家天文台首次大范围联合测试。之前的基站干扰排查多由FAST提供干扰频率，中国移动进入FAST台址区域，使用手提便携设备，针对干扰频率进行查找。这种查找方式的优势在于中国移动的设备可以实时解码，识别干扰基站，但是便携设备测试性能不及FAST台址电磁波环境测试系统，仅能接收极少数干扰信号。而此次大范围联合测试，利用FAST台址电磁波环境测试系统接收信号，中国移动针对FAST周边干扰基站开展测试，最终由FAST对测试结果进行分析，相关测试与分析情况如下。

2019年3月，黔南分公司及广西公司河池分公司共同参与基站干扰排查试验，所涉及基站为FAST周边30km（实际操作时为31km）内的450多个基站。

这次测试仅选择相关基站而非所有基站，测试时间也选择深夜，以尽量减少对用户的影响。

这次测试中，在对基站进行关闭操作时，先进行正常工作时的测试，再对基站进行关闭操作。基站关闭操作依次分为三个批次，同时测试结果。

其中，第一批次为分布在海拔高于700m处的260多个基站；第二批次为分布在海拔低于 700m 处的 70 多个基站；第三批次为第一批次与第二批次未操作的边远处 110 多个基站，第三批次分两步进行操作。

图 4.69 所示为第一批次基站关闭与正常工作时测试结果的对比。结果显示，第一批次基站关闭后，部分信号略有下降，部分信号则大幅下降。图 4.70 所示为第一批次基站关闭后的信号下降幅度，部分频率处的下降幅度高达 25dB，部分信号下降幅度在 5dB 以内。

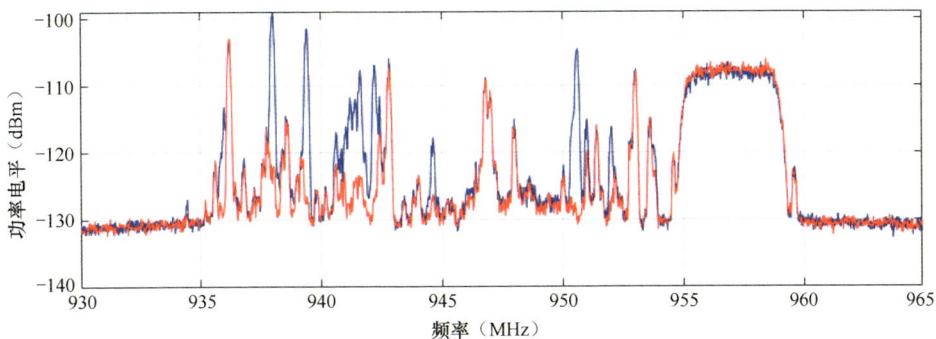

图 4.69　第一批次基站关闭（红线）与正常工作（蓝线）时的干扰情况对比

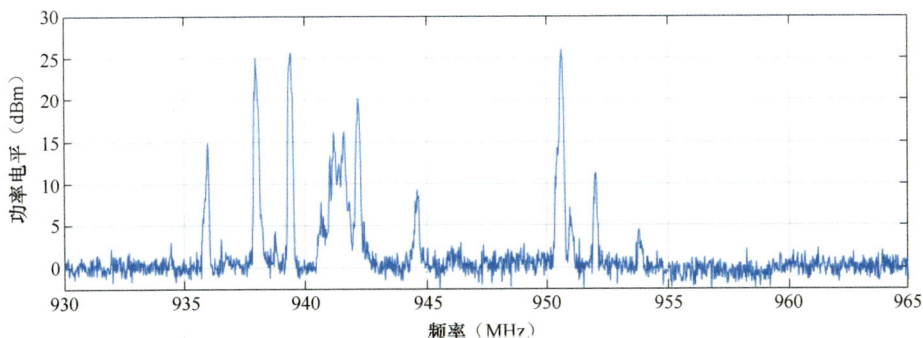

图 4.70　第一批次基站关闭后的信号下降幅度

第二批次及第三批次基站关闭时的信号未出现明显的变化。该次测试获得的干扰信号强度随频率的变化如图 4.71 所示。

图 4.71 显示了各批次基站关闭后的干扰信号强度随频率的变化。第一批次基站关闭后，部分频率处的信号下降明显。而第二批次基站、第三批

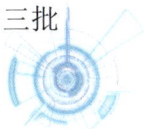

次基站关闭后，信号几乎没有明显变化，甚至个别频率处略有上升，与试验预期不符，表明这些干扰频率可能另有来源。

根据图 4.70 可知，大部分频率处的信号下降明显，最明显的变化了约 25dB。当下降幅度为 6 ～ 25dB，可认为结果真实明显、可信，即基站关闭操作导致信号下降。当下降幅度为 3 ～ 6dB，也可认为关闭基站引起了信号下降，但不能排除是其他原因导致信号变化。当下降幅度为 0 ～ 3dB，则不易认定，信号的微小变化可视作实际上并无变化，可能是由测试系统或发射源本身不稳定等未知原因诱发的，不能确定是否与关闭基站操作有直接联系。部分信号在基站关闭后反而增长 0 ～ 2dB，表明信号的幅度变化与所关闭的基站之间并无直接联系。

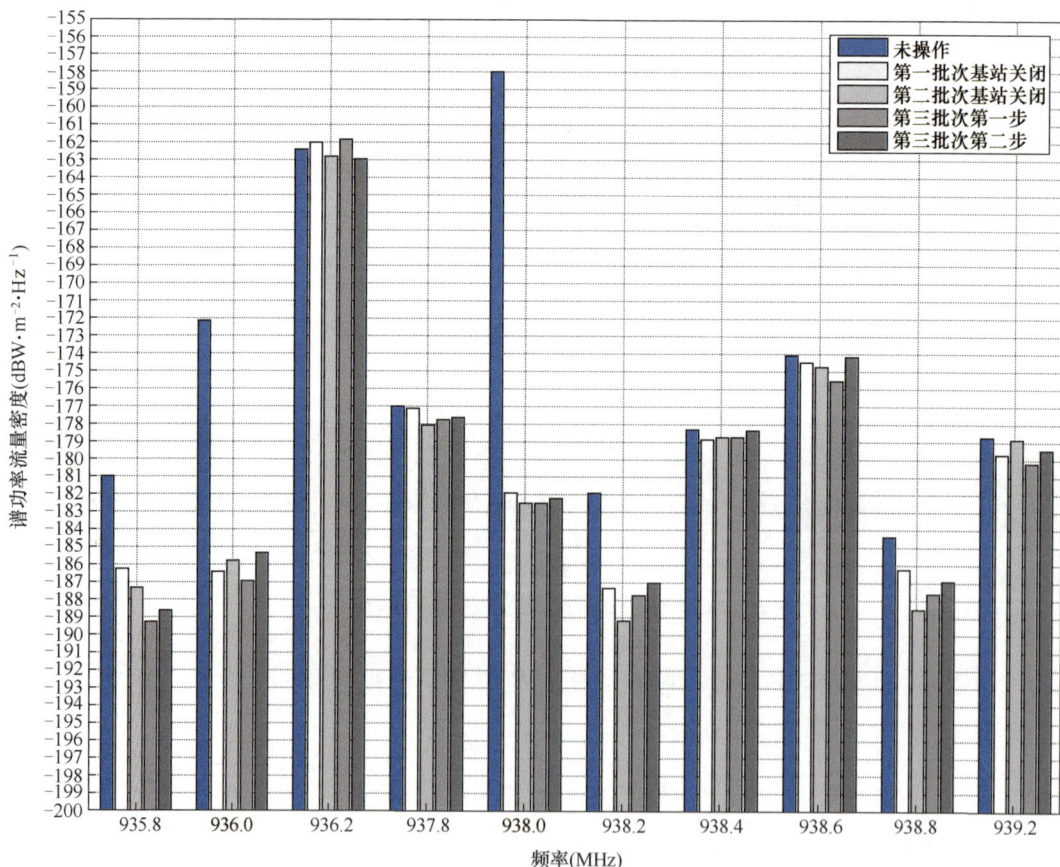

（a）935.8 ～ 939.2MHz

图 4.71 干扰信号强度随频率的变化

（b）939.4～941.8MHz

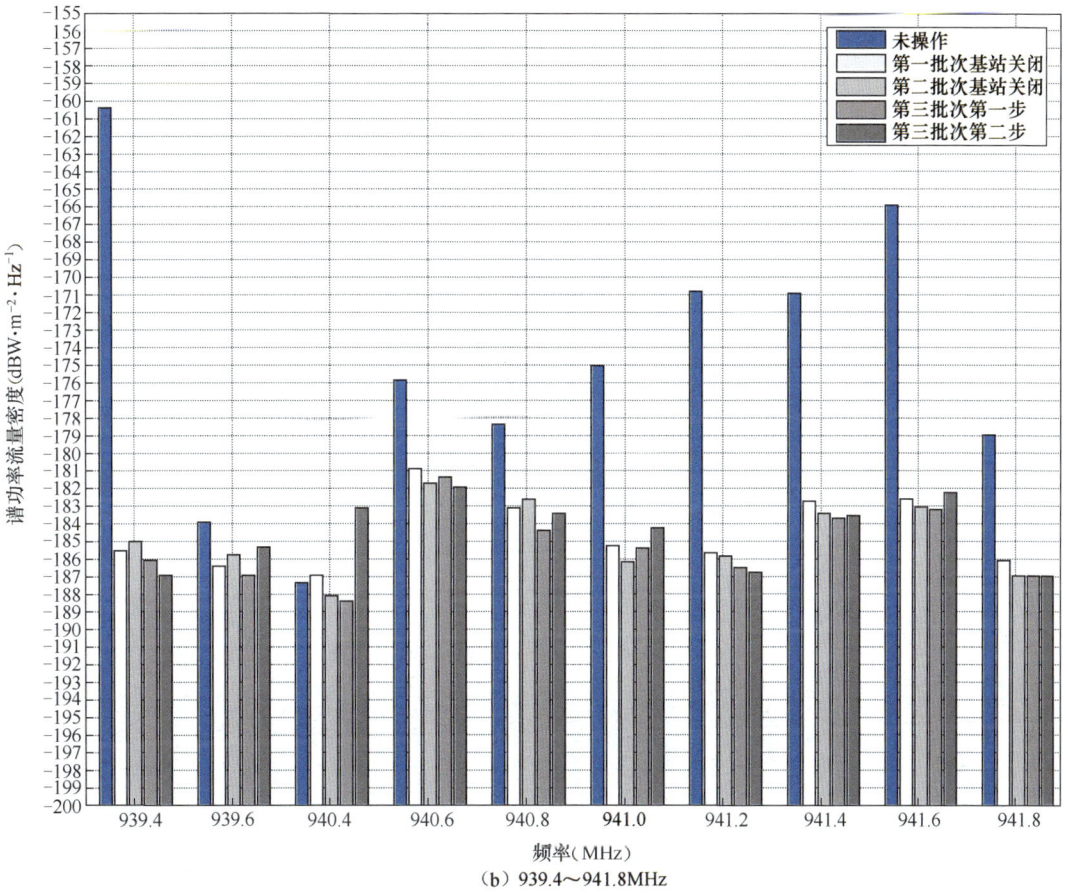

图 4.71　干扰信号强度随频率的变化（续）

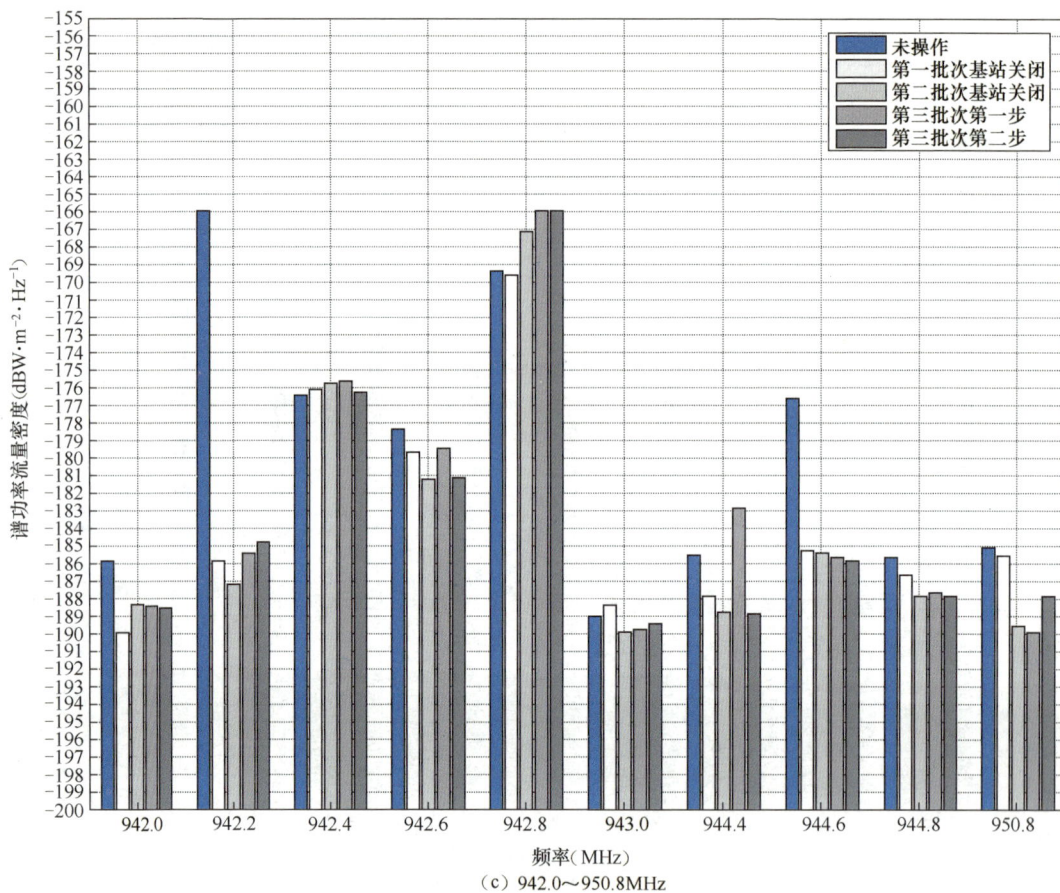

图 4.71 干扰信号强度随频率的变化（续）

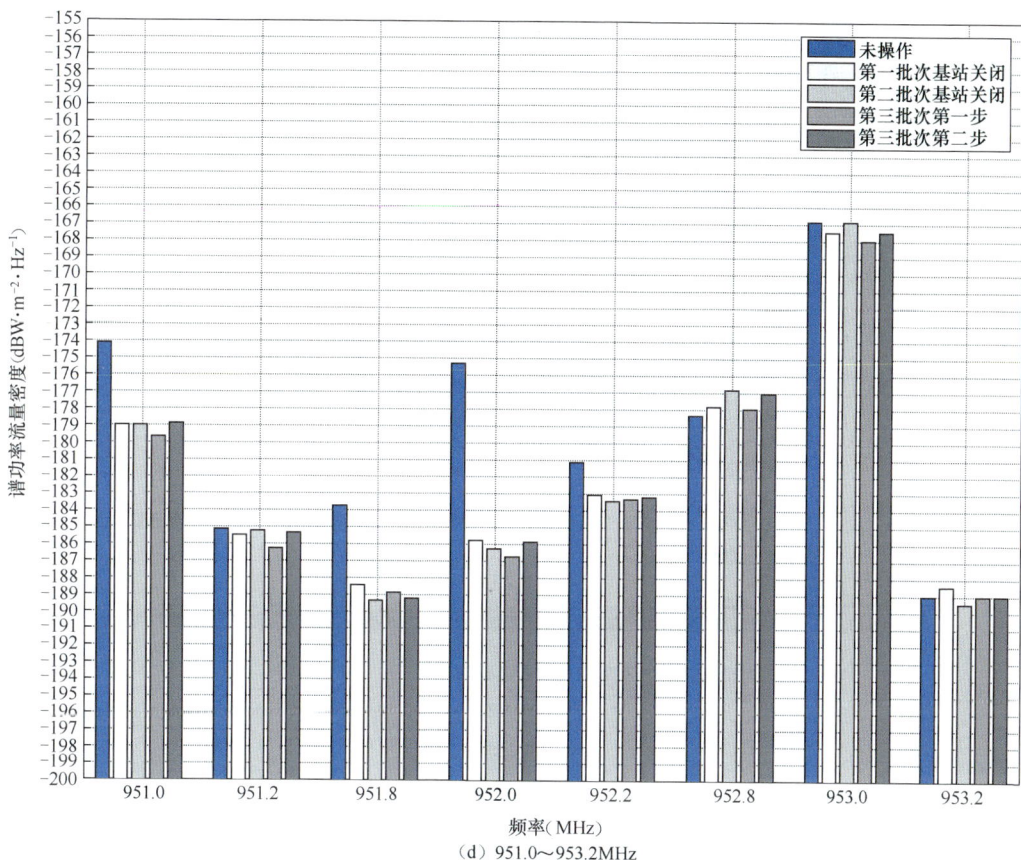

图 4.71　干扰信号强度随频率的变化（续）

图 4.72 所示为基站关闭操作前后的干扰频率变化。由于只有第一批次基站关闭时出现明显的信号下降，因此可将所有基站关闭操作测试结果的平均值作为基站关闭操作后的测试结果。

该次试验的结果详细描述了 FAST 台址周边 930 ～ 945MHz 频段电磁波环境情况，以及基站关闭后不同频率处的信号变化情况，为后续试验提供了有益经验。

综上所述，对于多个基站的集总干扰，可以优先考虑干扰最强的基站，对其进行操作。因各基站的状态难以确定，可考虑传播损耗较小地区的基站，对其进行降幅转向等调整，从而降低总体基站造成的集总干扰。

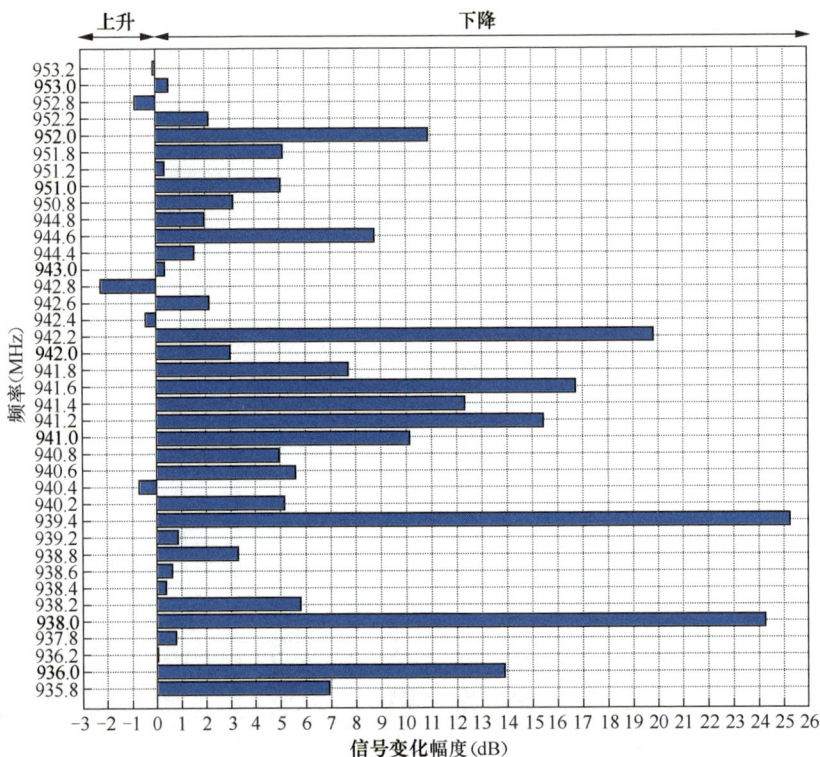

图 4.72　基站关闭操作前后的干扰频率变化

3. FAST 周边传播损耗评估

对于单个基站，如不能直接关闭基站，可以通过降低发射功率、改变发射天线下倾角等方式降低有效全向辐射功率（Effective Isotropic Radiated Power，EIRP），以及通过改变基站位置的方法增大传播损耗，从而降低基站对 FAST 造成的干扰。

考虑多基站干扰时，在频率相同、发射时间相同的情况下，每个基站对集总干扰的贡献不同，可以优先考虑传播损耗较小处的基站并对其进行调整。在明确 FAST 周边传播损耗分布情况的前提下，寻找传播损耗较小的地区的基站并进行调整试验具有可操作性。

2019 年 11 月，FAST 利用可调整指向的环境监测系统，在 FAST 360°全方位方向上，每隔 30°对 934 ~ 954MHz 频段开展测试，结果如图

4.73 所示。在图 4.73 中，FAST 在 0°、东北 60°、东南 150° 以及西南 240° 4 个方向上的信号相较于其他方向信号的强度更大。

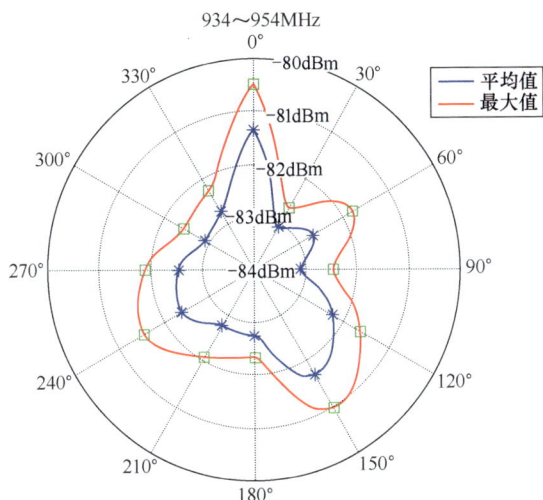

图 4.73　934～954MHz 频段的 FAST 360° 全方位方向信号强度测量结果

将实际测试结果与传播损耗分布结果进行整合重叠，经粗略分析，在大致相同的方向上，传播损耗分布和实际测试结果是相符的，并不存在显著的差异，且从侧面反映通过多基站分析方法给出的基站调整建议是合理的。针对 FAST 实际情况，这一方案能够减少对基站的操作频次，为后续的干扰排查测试提供一个具有可操作性的试验方法。

通过干扰源排查和发射台（站）的处理，FAST 电磁波宁静区内的通信基站干扰信号强度可维持在 2005 年选址时的干扰信号强度，台址的电磁波环境保护措施效果良好。

| 4.6　总结 |

针对 FAST 的电磁兼容需求，系统地进行了射电望远镜电磁兼容技术研发，所采用的大口径射电望远镜电磁屏蔽设计方案、电磁屏蔽效能测试

系统拓展了国内射电天文技术方法的研究范畴，有效保障了包括 FAST 在内的大口径、高灵敏度射电望远镜的科学产出，同时也为相关创新技术在射电天文领域和电磁兼容行业的应用打下了良好的基础。

在技术研发方面，完成了 FAST 关键设备如 2225 台促动器的电磁兼容设计和实施，从而确保了 FAST 巨型反射面在望远镜观测时的实时主动变形；对于具有复杂电子电气系统的馈源舱，采用双层屏蔽措施，实现其屏蔽效能超出 GJB 规定的 120dB，部分频段超出 140dB，相关成果可应用于航空航天与舰船等领域；所研发的自动宽带屏蔽效能测试系统，实现了 70MHz～3GHz 频段的连续测试，与国家标准规定的测试相比，更加方便、有效和符合实际需要。

同时，积极推动国内射电天文频谱资源保护工作，在国内首次开展电磁波宁静区的研究，修订管理条例等。相关工作有效缓解了各台站电磁波环境恶化趋势，为保障我国射电天文领域可持续发展发挥了重要作用。

在 FAST 电磁兼容技术研发过程中，有效缓解了设备电磁干扰问题，结合电磁波宁静区的运行、干扰监测和数据管理平台的应用，从设备到系统，从望远镜到观测基地，再到周边电磁波环境保护，有效提升了望远镜的性能，为实现 FAST 科学目标、取得重大成果提供了有力的保障。通过对 FAST 电磁波宁静区干扰进行有效评估和控制，支持了当地科普旅游的发展，实现了精准扶贫。

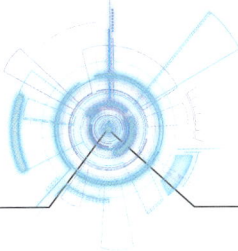

第5章 FAST 电气系统

| 5.1 FAST 电气系统功能及组成 |

FAST 主体结构由主动反射面系统、馈源支撑系统、测量与控制系统、接收机与终端 4 个部分构成。其中，主动反射面系统是一个口径 500m、半径 300m 的球面，由主体支撑结构、促动器、背架结构和反射面板等组成。主动变形是 FAST 反射面的最大特点，通过控制 2225 台促动器沿径向运动，拉动索网，带动反射面在观测方向形成 300m 口径瞬时抛物面，从而汇聚电磁波。馈源支撑系统主要包括 6 座馈源支撑塔及索驱动机房、6 根钢索、馈源舱及舱内 AB 轴和二次稳定平台等。

测量与控制系统包括测量基墩及位置测量设备。接收机与终端主要包括安装在馈源舱内的接收机和安装在观测室的接收机终端。主动反射面系统全部促动器的供电及测控信号传输、馈源支撑系统的索驱动机房供电、馈源舱内供电及测控信号传输、测量与控制系统设备供电及测量数据传输、接收机设备供电等由电气系统完成。

FAST 电气系统由供电系统、综合布线系统、防雷系统组成，电气系统的主体是各级供电设备，并实现供电电缆及通信光缆通道铺设任务，电气系统主要包括以下部分。

（1）0# 变电站，内建有 35kV/10kV 变压器、10kV/400V 变压器、高压开关柜、电站管理设备等。外线 35kV 高压变到 10kV 后供至 7 座 10kV 变电站。其中，1# ～ 6# 变电站为主动反射面系统、馈源支撑系统和舱停靠平台共用的变电站，7# 变电站为观测基地配电。

（2）反射面控制网络、供电布线及通信布线（从总控室和 0# 变电站到节点促动器），还包括中继室位置布置、建筑结构和配电柜。

（3）馈源支撑系统（含 6 个塔底和舱停靠平台）的网络通信及供电布线。

（4）测量基墩的网络通信及供电布线。

（5）道路和反射面下部的维修用照明。

（6）维修用内部有线电话通信。

（7）FAST 整体防雷及变电站、测量基墩、反射面下方建筑和设备防雷系统。

（8）洼地分水岭内现场的安全保卫系统。

| 5.2 FAST 电气系统设计、安装与调试 |

FAST 台址区域属亚热带季风湿润气候，四季分明，冬暖夏凉。年平均气温 16.3℃，年平均降雨量 1259.0mm，年平均相对湿度 81%。因为降雨较多，强弱电设备及布线应充分考虑防水措施。其中，潮湿环境和酸雨对金属构件的锈蚀较强，FAST 电气系统的变电站、机房、配电箱等需要采取相应的防护措施。

大窝凼洼地总体位于贵州高原向广西丘陵过渡的斜坡地带（见图 5.1），地势总体上北高南低，区域内碳酸盐岩广泛分布，岩溶峰丘、洼地、落水洞极为发育，地势起伏不平，呈锯齿状。洼地四周共有 5 个较大山峰，最高峰位于洼地东南侧，峰顶高程 1201.20m，地形最大高差 360.30m。反射面开挖后的最终形状为反球冠，其半径为 304m、张角为 120°，反射面口径为 500m，开挖后最低标高约 834m。FAST 台址的地表中约 70% 是碎石，约 30% 是大块坚岩，这种地表环境给埋地铺设电缆和挖掘分线并造成很大困难。

图 5.1　大窝凼地势

所有促动器节点比较均匀地分布在直径为 500m 的凹地里，高差约为 120m。凹地中大部分是坚岩，从而限制了埋地布线的方式。布线的要求是屏蔽、防水、防鼠、耐锈蚀性好、不需维护、规避道路、施工容易、景观好等。

促动器在 *xoy* 平面内的投影为五边形。每边和球面凹地的交线是沿球面的椭圆曲线。如果按等高线环来布线，则需要太多"分支"来连接至并不在等高线上的促动器上。所以，这种起伏的布线景观更像丘陵地的葡萄园。

对比之下，金属穿线管布线方式在屏蔽、防水、防鼠、耐锈蚀性方面都有明显的优越性。但主要的劣势是增加和变更管内的电缆比较困难，所以电缆系统在设计时应力争做到无维护和少变更。为布线方便，甚至可以设计一些非标的管接头，因数量较大可平摊定制成本。金属穿线管布线景观更像高速公路的护栏。另外，由山顶盘旋至凹地底部方向有一条维护用道路。道路顶上即反射面，高度仅 3 ～ 4m。电缆过多地穿越道路显然会加大施工难度。基于道路分隔和促动器位置投影的纹路规律，自动形成了一些"区域"，尽管这些"区域"在逻辑上并不是必需的。供电线和信号线通过"区域"中继柜连接到各台促动器。为方便运输和安装，中继柜应尽可能靠近道路。中继柜应有良好的屏蔽和接地条件。总体上，FAST 布线方式包括电缆沟槽、架空电缆桥架、金属管线和部分埋地等。

根据 FAST 各设备的供电要求，各类用电设备均按三级负荷供电。在观测基地设置 35kV 总变电所，从克度变电站引一路 35kV 电源进行供电

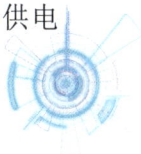

（后增加一路 10kV 电源供电）。总体的供电原则如下：在观测基地设立一座用户总变电所，内设 35kV 开关柜、10kV 开关柜、一台 35kV/10kV 的 4000kVA 变压器和观测基地本身使用的 10kV/400V 的 630kVA 变压器以及相应的低压柜，另设一台 1000kVA 箱式变压器（位于观测楼附近）。FAST 的总装接负荷为 4783kW 左右，总计算负荷为 3348kW。

FAST 供电系统见图 5.2。在总变电所内进行 35kV/10kV 变压器变压操作后，采用两路 10kV 的电压环网送电至反射面场地内的 6 台 10kV/400V 箱式变压器。每台箱式变压器再输出 4 路 400V 的低压电至卷扬机房、馈源舱、相对应的两个分区中继室。在中继室内设置配电箱，输出若干条 400V 的低压线路至分区内的核心节点的分线箱。核心节点附近的分支促动器的电压均引自相对应的核心节点分线箱，每个中继室有一个配电柜。

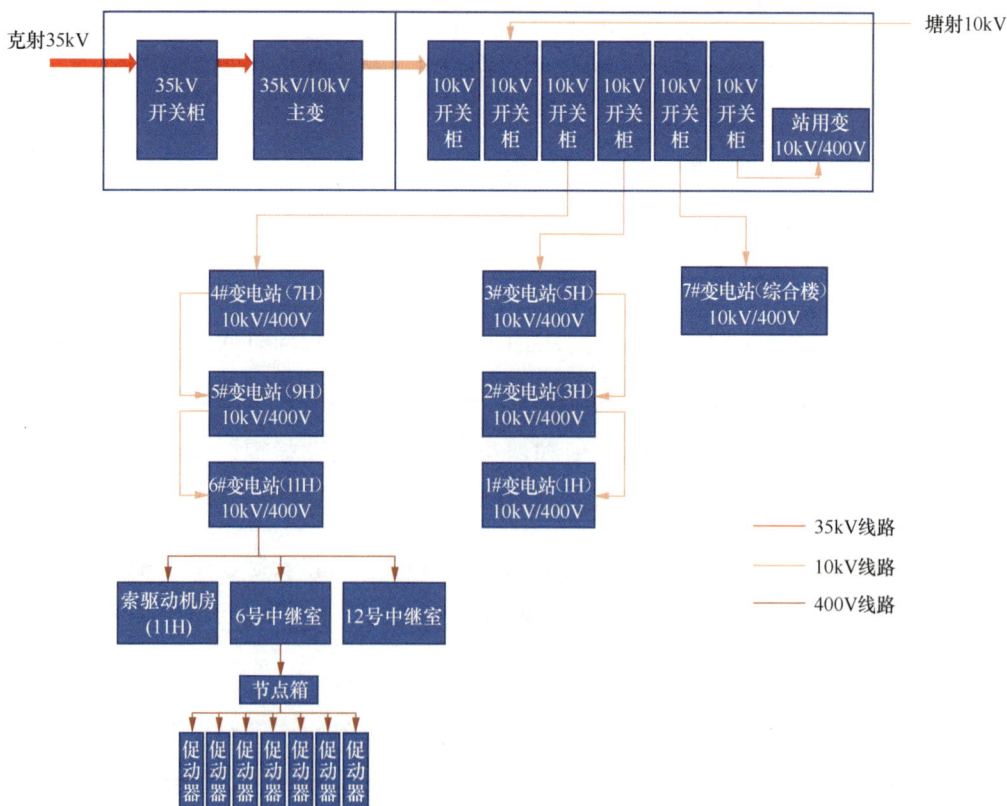

图 5.2　FAST 供电系统

由于只有一路高压电进线，结合各用电设备均按三级负荷供电，电气系统的主接线均为单母线。变电所的继电保护采用综合继电保护装置，10kV 开关柜主要采用"三过流一"接地形式；变压器采用超高温保护；低压配电柜主开关采用过载长延时、短路短延时及单相接地保护。35kV 的继电保护根据当地供电部门的要求进行设置。总变电所 35kV/10kV 开关柜的操作电压采用 110V 直流电压，由整套 40AH 直流电源屏提供。

FAST 供电系统电能分配较为复杂。为了合理调配电能，达到节约电能的目的，本工程在总变电所电工值班室设置一套能耗监测和管理系统，对整个供电系统进行集中、实时监控，监测所有高低压开关的状态、电流、电压、谐波等各类运行参数。通过合理调节电能，使得用电负荷控制在最佳经济运行范围内，在总变电所电工值班室内设置一组中压及低压供电系统模拟显示屏，将整个供电系统以图形的方式显示，以便直观、有效地实时监测系统运行状况。

在总变电所内设有机械送、排风系统。要求总变电所地坪比室外地坪高 15cm 以上。在总变电所内设有高压开关柜、干式变压器柜、低压配电柜、直流电源屏和计量柜、模拟显示屏、能耗监测系统装置等。

FAST 电气系统同时按照国家规范设计并安装了照明系统，总变电所及中继室等采用高光效式荧光灯，路灯采用低杆半截光型灯具（白炽灯或直流 LED 灯具）。路灯的控制分远程和本地两种方式，在观测基地的值班室和中继室内均设有路灯控制箱，采用以太网进行组网。路灯采用智能控制系统，可以根据室外光强或时间自动选择开启模式，可选模式包括 1/3 开启、2/3 开启和全开启。在至各馈源支撑塔安装平台的辅路上安装灯具，电能引自附近的核心节点分线箱，各塔下灯具统一控制，控制开关安装于入口处第一个灯具的灯杆上。

FAST 电气系统中所有的强电缆均采用屏蔽电缆，至各箱式变电站的 10kV 电缆以及箱式变电站至各中继室的出线电缆均采用铠装屏蔽埋地敷设

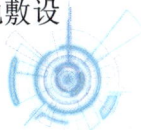

方式，以减弱电磁辐射。总变电所位于主反射面 1km 之外，总变电所的主体建筑采用屏蔽小室设计。7 台箱式变压器的外围 6 面增加专用屏蔽小室以处理变电站的电磁干扰。在各中继室配电柜的低压出线侧增加有源滤波装置，以提高输出电压的质量。中继室整体屏蔽效能要求达到 120dB，每个出屏蔽室的出线回路均增加滤波器，以减弱电磁辐射。为防止电磁干扰（Electromagnetic Interference，EMI），所有信号传输介质都使用光纤。

弱电综合布线系统主要由总控室的服务器、交换机，各中继室的交换机、控制器、光纤集线器，现场各节点光纤分配器以及中间路由部分的光缆、光纤跳线组成。要求通过总控室的服务器等控制设备、中继室内设置的交换设备以及主干、分支光缆对现场 2225 个促动器的状态、工作等相关信息进行采集、编译、控制。本设计采用双环网联接方式，从总控室的两台核心交换机分别引出一根 4 芯光缆，与现场 12 个中继室内的接入层测控网交换机连接后返回观测楼总控室，再折回临时总控室，形成双环网。观测楼总控室的两台核心交换机之间采用双绞线连接。

采用双环网联接可以从以下三个方面提高传输可靠性。第一，任意中继室的设备发生故障均不会影响其他中继室设备的运转。即使两个中继室各有一台设备出现故障，也可以保证系统可靠运行。第二，任意中继室均可以收到同样的两份数据，任意一份数据损坏均会被立即检查出来，并且恢复处理。第三，观测楼总控室及每个中继室均采用两台具有两个光口和 16 个电口的千兆以太网交换机，为每个环路提供千兆带宽，两个环路合计提供两千兆带宽。这样保证了信号无阻塞传输，时延小，并且由于设备完全相同，可以互相替换使用。

促动器与中继室之间采用星形集中方式连接，使用 Profibus 总线传输。Profibus 总线具有结构简单、传输速度快、无碰撞、可靠性高的特点。在中继室内利用以太网–Profibus 控制器将以太网环网和 Profibus 总线连接。Profibus 总线采用光纤作为传输介质，因此在中继室内还有一定数量的

Profibus 光纤集线器，以便将 Profibus 电信号转化为多路 Profibus 光信号。通过将光纤与前端光纤接口促动器或者 Profibus 信号光电转换器连接，实现前端光纤接口促动器与观测楼机房的通信。Profibus 光纤集线器各个光通道之间互不干涉，即，不管哪个通道出现故障或损坏，均不会影响其他通道。

综合布线系统主干采用 4 芯室外铠装光缆，DN50 埋地管穿管敷设（与强电电缆共用管沟）；中继室传输设备与现场控制器核心节点采用 14 芯室外铠装光缆，DN50 埋地管穿管敷设；核心节点至分支节点采用 2 芯室外铠装光缆，DN20 埋地管穿管敷设。

FAST 视频监控系统主要由视频管理工作站、视频服务器、存储设备、多屏拼接控制器、大屏监视墙、视频接入交换机、高清网络摄像机以及传输线缆等组成，前端摄像机安装在各基墩观测平台上方（抱杆安装），实现对反射面及测量设备工作状况的 24h 监控。系统共设置 27 台前端摄像机，前端摄像机选用高清网络摄像机，要求不低于 130 万像素，采用 H.264 编码格式。视频图像统一在观测楼机房进行存储，存储时间一般为 10 天。每台摄像机通过光缆及光电转换设备将监控的视频图像直接返回观测楼机房，通过编解码器将视频图像传输到显示设备。

FAST 视频监控系统采用 2 芯室外铠装光缆，DN25 钢管沿基墩内壁穿管敷设，前端摄像机就近从基墩观测平台电箱内获取电能。语音通信系统主要由通信交换机和 IP 电话机组成。要求交换机可以支持 100 路分机，带外部接入模块，可以按需求与电信网络实现外部接入。系统通过 IP 网络将项目现场及观测楼机房构成局域网，主要在中继室、基墩勘察平台、变压器机房和塔顶预留设置 RJ45 语音面板接口，技术人员或巡查人员携带 IP 电话机接入语音面板，即可与局域网内各分机实现通信。语音通信系统采用 2 芯室外铠装光缆，DN20 埋地管穿管敷设，电能就近从电箱内获取。

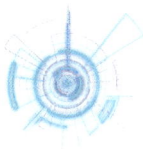

| 5.3　FAST 电气系统主要技术难点及解决方案 |

5.3.1　高压滤波器研制

　　FAST 供电系统包括一座 35kV/10kV 变电站、7 座 10kV/400V 箱式变电站。外部供电方式为 35kV 三相电通过长距离埋地电缆送到 0# 变电站，内设 35kV/10kV 变压器，将 35kV 变为 10kV 后送到 1# ～ 7# 变电站，再将 10kV 变为 400V 提供给所有用电设备。变电站内的设备也会产生 EMI，并且这些设备距离望远镜更近，辐射信号的频率成分也更加复杂，对天文观测的影响也更大。

　　FAST 的观测频段为 70MHz ～ 3GHz，这个频段的干扰信号会在电网长距离传输后损耗殆尽，因此不必担心来自电网的干扰信号。仅由铁芯和线圈组成的变压器不会产生对此频段的干扰，且主变电站与望远镜主体相距约 600m，又有山体隔离，所以主变压器仅安装在一个屏蔽效能约 40dB 的机房内。

　　然而，1# ～ 6# 变电站分别坐落于 FAST 馈源支撑塔下，其内安装了多种电子设备（如计算机、UPS、控制器、数字仪表、数据采集和传输设备等），虽然这些设备用电功率不大，却是高频 EMI 的丰富来源。为避免这些 EMI 外泄影响天文观测，需要对 1# ～ 6# 变电站进行全面的电磁屏蔽。

　　变电站的输入输出工频电力线（10kV 和 400V）上都必须安装电源滤波器，并对变电站设备及 10kV 电力线可能携带的 EMI 进行滤除。根据变电站内干扰信号强度的实测结果及天文观测要求，计算得到电源滤波器的屏蔽效能（即插入损耗）需大于或等于 90dB。由于干扰信号频率远高于 50Hz，站内 EMI 通过空间耦合方式传输到电力线上，因此电力线上的 EMI 通常只以共模干扰形式出现，几乎没有差模干扰。

　　EMI 电源滤波器在电磁兼容领域较为常用，主要用于屏蔽机房或屏蔽机柜的供电电源线或信号线的滤波，滤波器主要由滤波电容、电感及屏蔽壳体组成。电磁兼容行业常用的 EMI 电源滤波器的工作电压最高为 AC500V，通常没有对 10kV 电力线进行滤波的需求，因此 10kV 等级的高压 EMI 电源滤波器并无成熟市场产品。

为此，FAST 团队专门研制了高压滤波器，其工作电压为 10kV，中心导体连接 10kV 相线，滤波器外壳连接变电站屏蔽体，即接地线。滤波器承受的稳态工作电压的平均值为 5.8kV，峰值电压为 8.2kV。考虑到三相供电电源可能存在偏相和负载不平衡及一定的设计冗余问题，因此，FAST 高压滤波器额定电压定为 10kV。由于供电电网在开关操作时会产生浪涌冲击和过渡过程，因此电力行业对额定电压为 10kV 的电气设备有更高的交流耐压试验要求，一般要求最高耐压为额定电压的三倍以上。

由于滤波电容的存在，滤波器的相地之间会存在漏电流。漏电流可造成地线电压漂移、功率因数降低、设备发热等不利影响。因此，高压滤波器的漏电流越小越好，遗憾的是漏电流无法彻底消除。

FAST 高压滤波器主要技术指标见表 5.1。

表 5.1　FAST 高压滤波器主要技术指标

序号	指标名称	技术要求
1	额定电压	10kV
2	工作频率	70 ～ 3000MHz
3	最高耐压	30kV
4	额定电流	100A
5	插入损耗	≥90dB
6	工作漏电流	<35mA

参照低压滤波器电路，高压滤波器采用传统的单级 π 型 LC 电路，原理如图 5.3 所示。滤波器电路为由串联电感及并联电容组成的低通滤波器，其截止频率约为 500kHz。通过电路仿真可粗略计算达到设计插入损耗所需要的电容及电感值。电路仿真结果在低频段时具有明确的指导意义，而当频

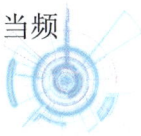

率升高时，现实电路中的电容与电感性质会发生较大变化，与此同时，滤波器结构引发的分布参数效应也更加明显，滤波器的实际性能会因参数不同产生较大偏差。因此，滤波器电路参数及空间结构不能完全依靠仿真计算得到，需通过试验来取得令人满意的结果。

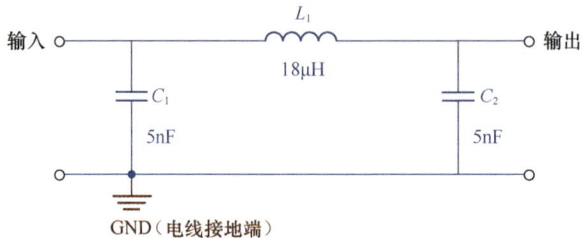

图 5.3　高压滤波器电路原理

高压滤波器的理论插入损耗为

$$\mathrm{IL} = 20\lg\left[\omega^2 LC + \left(\omega^3 LC^2 + 2\right)\frac{Z_\mathrm{S} + Z_\mathrm{L}}{Z_\mathrm{S} + Z_\mathrm{L}}\right] \tag{5.1}$$

式中，IL 为滤波器的插入损耗；ω 为输入信号圆频率；L 为滤波器电感；C 为滤波器电容；Z_s 为滤波器源阻抗；Z_L 为滤波器负载阻抗。计算表明，当 $C_1=C_2=5\mathrm{nF}$、$L=18\mu\mathrm{H}$、$Z_\mathrm{S}=Z_\mathrm{L}=50\Omega$ 时，滤波器电路在 70 ～ 3000MHz 频段内的插入损耗均可大于 100dB。

高压滤波器的关键耐压元件是高压电容，按构成电容的介电材料分类，主要有薄膜电容和陶瓷电容。薄膜电容是在有机薄膜材料上镀以导电层并卷绕制造而成。单层薄膜耐压能力在千伏量级，因此需要多只电容串联才能实现万伏耐压水平，但多级串联也可能存在电压分配不均匀的问题。由于材料缺陷或工艺缺陷存在，在强电场作用下，电容内部可能存在若干局部放电点（简称局放）。局放是描述一般的有绝缘要求的高压设备的绝缘品质和耐压寿命的指标。

薄膜电容产生局放的主要原因是绝缘体内有微小气泡，或薄膜材料中有微小、绝缘性能差的杂质，或有尖端毛刺导致局部电场异常高。薄膜电容的局部放电会导致局部介质发热，而有机材料在过热情况下存在碳化可能，可导致材料绝缘性能进一步下降，局放陷入更加严重的恶性循环，最终的结果是电容整体被击穿，电路失效。电力行业普遍认为薄膜高压电容的寿命在 5 年以内。

陶瓷电容以陶瓷作为介电材料，通常为单层结构，具有结构简单、体积小、寿命长、稳定性高、耐压能力强等特点，其中，玻璃陶瓷电容优势更显著。与普通烧结型陶瓷电容不同，玻璃陶瓷电容以铌酸盐为主要材料，先高温加热至熔融状态，再利用模具加工成型，冷却后附上电极而成，具有结构致密无空隙、介电常数大、耐压能力强、局放更小等优点。

电磁兼容行业通常采用穿心电容组成滤波器。穿心电容是一种三端电容，其优势是可以直接安装在金属外壳上，因此它的接地电感更小，几乎不受引线电感的影响。另外，它的输入输出端被金属板隔离，消除了高频耦合效应。这两个特点决定了穿心电容具有接近理想电容的滤波效果。

综合考虑这些因素，试验中决定选用穿心形式的玻璃陶瓷（高压）电容。陶瓷电容组件由定制环形陶瓷芯、接地环、中心电极等组成，在陶瓷芯内外壁刷导电银浆，待其凝固后制成电容胚，再焊接或黏接接地环和中心电极，最后用环氧树脂封装（见图 5.4）。陶瓷电容制成后，要经过耐压和局放测试，测试通过后再组装滤波器，以避免部件不合格导致高压滤波器整体不合格或失效。

陶瓷芯　　接地环　　中心电极

焊接完成　　　封装完成

图 5.4　穿心玻璃陶瓷电容

单只玻璃陶瓷电容体积小，电容容量受限，为保证滤波器滤波效能，

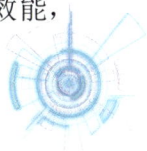

需加大电感补偿。高压滤波器中心导体为铜棒，增大电感的方法是在铜棒上增加铁氧体磁环。高压滤波器工作频段较高，因此尽可能选工作频率高的磁性材料。镍锌材料最高使用频率可达1GHz，但这款材料的相对磁导率只有8。经对比试验确认，滤波器磁环选材应倾向于高电感，而不是优先考虑磁环的工作频率。

磁性材料的频谱特性可以用一个复数阻抗表示，其中，虚部是感抗。当频率增加时，材料的热损耗即阻抗的实部变大，实部与虚部相等时的频率称为标称频率。对于许多磁性材料，不管其标称频率是多少，阻抗最大值都出现在500～1000MHz频段。

高压滤波器是通过电感阻抗和电容阻抗分压来构成插入损耗的，所以没有必要优先考虑其标称频率，而应优先保证足够大的电感。这个判断得到了试验验证，我们选择的标称频率为3～25MHz，但并不影响在70MHz以上得到合适的阻抗。在更高的频率下，电感将趋向减小，总阻抗也有所减小，但此时电容阻抗也随频率减小，滤波器电路分压反而降得更低。所以，滤波器在1GHz以上频段的滤波效能没能进一步提高，可能还略有降低。

表5.2列出了一组磁环线圈的测量数据，磁环型号为NXO-600，相对磁导率为600，使用标称频率为2MHz的镍锌磁环样品。使用安捷伦4287A射频LCR仪测试阻抗，并与理论计算值比较。假定电感是与频率无关的常数，计算得到阻抗（感抗）。从测试结果可以看出，50MHz频率处的实测阻抗和理论感抗还比较接近，但在更高频率时，损耗阻抗逐渐占据主导作用，实测阻抗与理论感抗的偏差较大。

单从电感量方面考虑，磁环的磁导率越高，产生的磁感应强度越大，即磁通量大，对信号抑制作用越强。但滤波器额定电流为100A，在大电流作用下磁通量有可能达到饱和，使相对磁导率下降，甚至降低到1。因此，磁环材料的选择需考虑饱和磁通密度限制。

磁环越靠近导体，磁感应强度越大，磁通量越容易达到饱和，因此磁环宜选用磁导率较小、饱和磁通量大的材料；而距离中心导体较远的磁环则相反。因此，磁环采用三明治结构，内层采用高频、低磁导率磁环材料，避免磁通量饱和，外层尽可能采用高磁导率磁环材料，保证电感大小，确保磁环在 500MHz 以下的电感阻抗性能。

表 5.2　一组磁环线圈的阻抗和频率测试结果

测试频率（MHz）	实测阻抗（Ω）	理论感抗（Ω）
2	3.5	2.5
10	25.4	12.5
50	50.9	62.5
100	66.4	125
300	130.5	375
500	228.5	625
700	410.6	875
900	890 9	1125
1000	1225	1250

经过对现有磁环的尺寸、材料等进行综合对比，高压滤波器电感选用三种尺寸的磁环嵌套组成磁环组，具体参数详见表 5.3。磁环的额定电感 L 基于下式得到：

$$L = 4u_e \frac{A_e}{h} \tag{5.2}$$

式中，u_e 为磁环材料磁导率；A_e 为磁环截面积；h 为磁路长度，可近似为磁环中线长度。每组磁环包括 50 个内磁环、25 个中磁环和 25 个外磁环，计算得出磁环组电感约为 22μH。理论计算得出的感抗是假定电感是与频率无关的常数得到的，与实际情况会有差别，特别是在高频段。利用安捷伦 4287A 射频 LCR 仪对磁环组阻抗进行测量，测试结果表明：在 50MHz 以下时，实测阻抗与计算值还比较接近；当频率升高时，实测阻抗逐渐减小。根据测试得到电感，再进行滤波器电路仿真，结果表明测试结果仍可满足滤

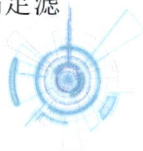

波器需要。

表 5.3　高压滤波器磁环组相关指标及参数

指标	内磁环参数	中磁环参数	外磁环参数
磁环材料型号	GTO–16	NXO–200	NXO–200
内径（mm）	13	23	37
外径（mm）	22	37	68
厚度（mm）	10	20	20
磁导率	16	200	200
电感（μH）	0.04	0.36	0.47

为保证滤波器正式安装后的运行安全性及屏蔽效果，加工完成的滤波器在安装前需进行一系列测试，包括耐压测试、局放测试、过电流能力测试、插入损耗测试等。常规耐压测试参照两个等级进行，分别为 10kV 的 5min 负荷试验和 30kV 的 1min 试验，并在耐压测试过程中记录高压滤波器的漏电流。漏电流在 10kV 测试电压下超过 35mA 或局部放电超过 50pC 的高压滤波器为不合格产品，不予使用。

此外，为检验滤波器抗雷击和浪涌电压性能，随机对个别滤波器进行 75kV 高压浪涌测试。经 75kV 高压测试的样品，不再作为正式品安装使用。

高压滤波器实物见图 5.5，其中心导体为三段直径为 12mm 的铜棒，采用螺纹连接，并涂敷导电胶。为检验滤波器中心导体，在组装过程中测试电连接性能。由于中心电阻极小，直接测量滤波器的电阻会产生很大误差，因此，在试验中测试滤波器的过电流能力。在额定电流下测试滤波器两端电压降，测试结果为：当使用频率为 50Hz、电流为 100A 时，电压降约为 0.88V。由此可推断，安装滤波器后，高压滤波器两端的电压降还不到额定电压的

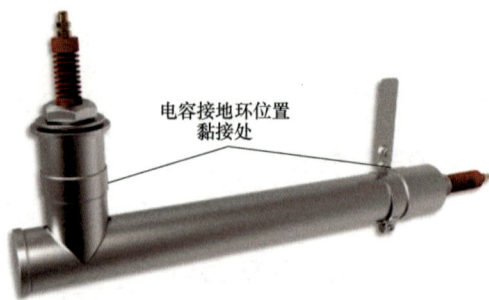

电容接地环位置黏接处

图 5.5　高压滤波器

0.01%。

　　滤波器的插入损耗是微量滤波器屏蔽效能的重要指标。为测试高压滤波器的插入损耗，设计并加工了用于插入损耗测试的测试夹具。测试夹具由测试屏蔽罐、同轴插头和弹性探针组成（见图 5.6）。测试时，将测试夹具固定在滤波器两端，并用铜纱网对法兰进行电磁密封。单个测试夹具的屏蔽效能达到 60dB 以上，从滤波器输出到输入的总信号的旁路衰减应不小于 120dB，保证从测试夹具泄漏的信号不影响高压滤波器插入损耗的测试结果。

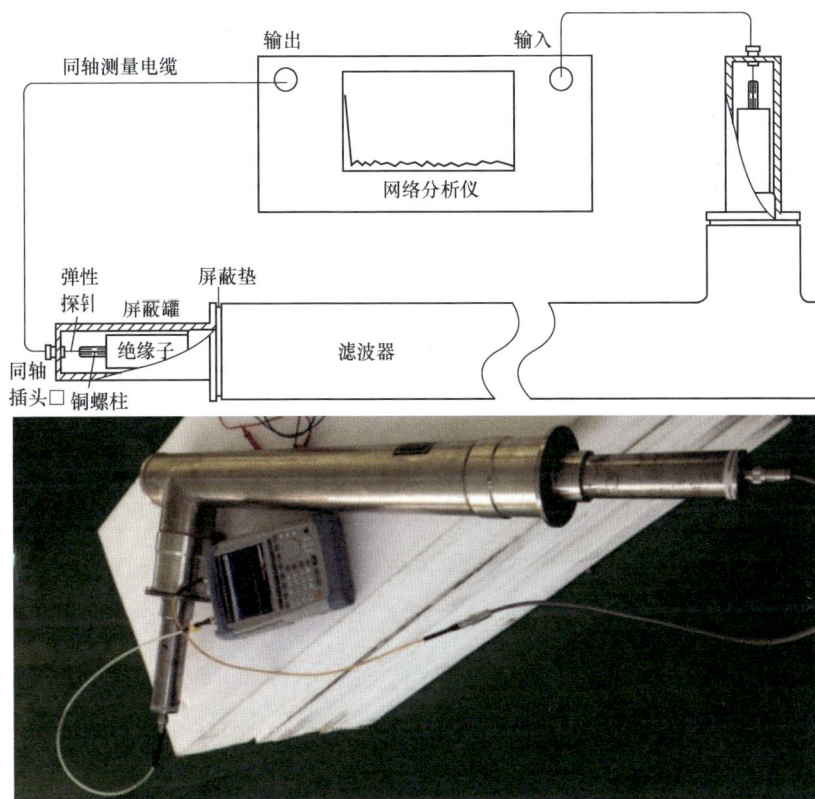

图 5.6　高压滤波器插入损耗测试示意

　　插入损耗测试需使用测试范围在 90dB 以上的网络分析仪进行测量。网络分析仪开机校准后，首先将信号输出端与输入端直连，网络分析仪在各频率的读数为 0dB，即插入损耗为零。然后将高压滤波器接入测试系统，

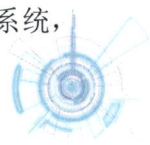

测试结果表明高压滤波器的插入损耗大于 90dB。

高压滤波器通过各项测试后可进行变电站外壳安装，在确认过高压滤波器和线路绝缘性能后，对滤波器进行通电。滤波器工作正常后，对变电站机房进行屏蔽效能测试，结果表明：机房屏蔽效能大于 100dB（图中通常用负数表示），满足 FAST 运行要求（见图 5.7）。此外，高压滤波器对高压供电系统的高次谐波也有一定的抑制作用，可提高 FAST 供电质量。

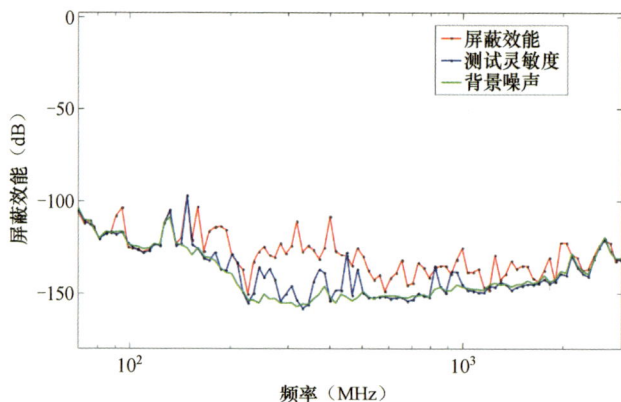

图 5.7　高压滤波器安装后，变电站机房屏蔽效能测试结果

玻璃陶瓷电容具有体积小、介电常数大、局放小、寿命长、性能稳定等优点，综合性能远高于烧结型陶瓷电容和有机薄膜电容。穿心形式的玻璃陶瓷电容是最理想的高压滤波器旁路电容，与多组磁环搭配组成的单级 II 型滤波器可实现大于 100dB（测试频率在 3GHz 以下）的屏蔽效能。高压滤波器采用直径 10cm 的不锈钢管作为主体外壳，采用冷加工工艺组装，并在结合部位采取局部灌封措施，具有抗腐蚀、结构稳定性好、加工维护方便等特点。滤波器插入损耗测试结果表明，圆柱外形比长方体外形更有利于实现全波段电磁屏蔽。多类型严格测试结果及长期稳定运行的事实表明，基于陶瓷电容的高压滤波器是解决高压供电设施电磁兼容问题的优先选项。

5.3.2　电能质量优化

电能质量是保障电网系统安全、稳定与经济运行的重要因素，直接影响用电质量以及电气设备的使用安全和寿命长短。随着目前供电企业生产运行系统的自动化程度大幅提高，网络通信与自动化控制技术的发展为实现电网电压质量优化及电流谐波监测信息管理的实时化、自动化和系统化奠定了可靠的技术基础，并结合相关管理手段来实现对用电单位电能质量的动态精细化管理。

电力应用中常见的电能质量问题主要涉及谐波、三相不平衡、陷波、电压闪边、谐振暂态、脉冲暂态、电压瞬变、噪声等。现阶段，电能质量治理技术的突破与创新主要体现在三个方面：一是完善了电能质量分析方法；二是在电能监控方面取得的突破；三是人工智能技术在电能质量治理技术中的应用。

1. 电能质量管理现状

目前，FAST 现场管理运行 35kV 变电站一座、10kV 变电站 9 座，变电站已实现无人值班且能稳定可靠运行，但电能质量管理工作仍存在如下问题：无人值班变电站主变档位无法遥调；对于大量工业用负荷引发的电网电压过低或过高的情况没有及时采取有效的解决措施；用户对无功管理的重视度不够，存在感性或容性负荷的情况下不能及时进行无功补偿。

2. 优化电能质量的措施

（1）电能质量评估

电能质量评估是基于对系统电气设备运行参数进行实际测量或通过建模仿真获得基本数据后，对电能质量各项特性指标做出评价和对其是否满足规范要求进行研究与推断的过程，一般包括选择标准规定或供用电双方商定指标、收集电能质量数据、选择评估基准以及确定目标水平或等级等步骤。对电力系统电能质量的评估，实质上是对电力系统运行水平和电力

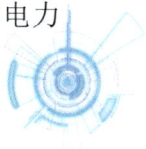

供应能力的综合评价，是约束、督促电力公司与电力用户共同维护公共电网电能质量环境的基础，同时也是实施质量治理与控制、检验治理与控制效果的工具。因此，电能质量评估是电能质量研究中不可缺少的重要组成部分。

电能质量评估涉及两方面：一方面，评估指标内容多；另一方面，根据不同的应用环境和条件，形成了多类型的评估方式。可以将现有的电能质量研究文献和标准中采用的各种评估方式进行归纳。电能质量评估非常复杂，且现有文献一般并没有给出评估方式的完整定义，更没有分析已有资料之间的内在联系。本书将系统地定义和分析这些评估方式，并在此基础上，研究并建立一个多视觉的电能质量评估体系架构，以阐明各种评估方式之间的关系，以便较灵活地研究或完善各类电能质量评估模型，以考核多参数电能质量的特性和拓展电力扰动监测评估的多类应用。

基于电能质量所包含的具体指标内容进行评估是最常见的和普遍采用的方法，可分为以下两种。

① 单项评估。针对某一个电能质量问题或对其某个特征进行量化而得到考核值的过程。评估结果是电能质量的单项指标值。例如，三次谐波电压含有率为4%。

② 综合评估。电能质量综合评估就是在分析单项指标的基础上，把部分或全部电能质量问题以及某项电能质量的多个特征量按属性合成一个有机整体，进而得到其考核值的过程，结果的表现形式可以是电能质量的综合指标或综合等级。根据评估所包含的内容，可以分为单项电能质量多参数综合评估和多项电能质量综合评估。

FAST 电气系统电源具有间歇性、复杂性、多样性和不稳定性等特点，负荷也具有分布式特性，与传统的电能质量问题相比，FAST 供电系统的电能质量问题表现出了一定的特殊性，受该系统内部电能质量和配电网电能质量的共同影响，内部电能质量问题主要包括功率因数小、三相不平衡、谐波和电压波动等。微源多种多样、特性各异是影响该系统电能质量的主要原因。

　　传统伺服电机系统中的电压波动主要是由负荷的无功功率波动引起的，而在该系统中，除了负荷的影响，发电输出功率随外界环境的变化而变化，因此输出功率的波动也容易引起该系统电压波动，尤其是基于双馈感应的较大用电容量发电机并网时容易造成电压跌落。除了负荷不对称引起的三相不平衡，该系统中的大量单相电机接入三相网络时，功率注入其中一相，可能引起该相电压偏高，因而造成三相不平衡。该系统的谐波环境较复杂，谐波主要来自电力电子接口和内部的非线性负荷，该系统通过前期实现并网运行，虽然可以通过连接输出滤波器、提高开关频率和改进控制策略来抑制用电设施工作时产生的谐波和间谐波，但还是会不可避免地有少量谐波电流注入该系统中，甚至导致该系统发生谐波谐振。而用电设施内部负荷或者大部分负荷中存在整流电路或移相电路，工作电流中含有的较高的谐波成分将注入该系统中。并网运行时，主网负责调频任务，可以保证该系统频率稳定；各配电网络独立运行时，调频任务则由分布式系统共同完成，当内部功率不平衡时，容易导致频率波动。另外，电能质量问题也会影响该系统的运行。配电网对该系统电能质量的影响，主要体现在配电网公共连接点的电压质量上，当配电网发生电压不平衡现象但不严重时，该系统与配电网的静态开关不会断开，此时配电网的不平衡电压会通过隔离电压器影响该系统的供电电压。如果该系统内部没有抑制电压不平衡的控制策略或者未安装相应的电能质量补偿装置，电压不平衡将影响敏感负荷正常工作。接入配电网公共连接点的电压谐波是该系统的谐波来源之一，较高的配电网背景电压不仅影响该系统的电压质量，甚至会造成该系统联网失败。

　　因此，该系统的电能质量控制应包括两方面：一方面是该系统内部，保证通过驱动器自身提升该系统内部的电能质量；另一方面是该系统与所联配

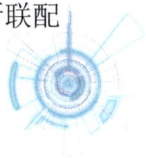

电网的交互，通过增加额外的补偿装置提升电能质量。解决该系统的电能质量问题，既可以通过完善技术来避免上述问题的产生，又可以研究专门的电能质量控制装置来解决这些问题。

（2）优化电网运行管理

根据电网负荷特点明确规定负荷测量及变压器档位调整的周期，运行人员根据季节性负荷、电压变化定期对配电变压器进行首末端电压的测量（每月每点至少测量一次），根据测量结果，对不满足电压要求的及时进行调整（采用投切电容器、调整变压器分接头位置等措施），确保变压器在合适的档位。

提前做好电网可能出现的各种事故应急预案，做好各项措施，缩短停电时间及事故处理时间，使电网恢复正常运行，将电网在特殊运行方式下的电压越限时间缩至最短。合理安排电网停电检修计划，并根据电网停电检修计划提前安排好电网运行方式，确保检修计划按时顺利完成，尽量缩短检修状态下的电网特殊运行时间。

（3）发挥无功补偿设备对提高电能质量的作用

电压是衡量电能质量的重要指标之一，保证系统电压接近额定值是电力系统运行的基本任务，电力系统的无功功率平衡与否关系着系统电压质量的高低。固定电容器组和静止同步补偿器是现代化变电站的主要无功补偿设备，其容量配置关系着系统无功功率能否就地平衡，对系统的电压质量有着决定性的影响。

目前，国内外对于变电站内各种无功补偿设备的协调控制及无功电压平衡控制方面的研究较多。在无功补偿设备的协调控制方面，目前的研究主要包括固定电容器组与同步调相机、静止无功补偿器和动态无功补偿设备的协调控制。

现场各变电站通过电容器进行无功补偿，合理控制电容器投切，做到变压器高压侧过剩无功功率流到低压侧母线，低压侧无功功率不倒送入高压侧，达到无功分层控制、分层平衡的目的。对投入使用的无功补偿设备要严格按照运行规程进行巡检，如发现问题及时进行维护和检修。监控值班人员掌握无人值班变电站的实时、历史的电压及无功数据，通过母线电压及无功数据的变化趋势分析电压越限的原因，及时采取措施进行电压调整。

静止无功发生器（Static Var Generator，SVG）主要用于无功补偿，增大功率因数，提高电能质量。SVG 具有连续可调的补偿输出的特点，极好地解决了传统无功补偿器台阶式补偿的缺点。在谐波治理过程中，由于谐波频率与基波频率呈正相关关系，可借助无功补偿技术对谐波进行处理。SVG 在无功补偿和谐波治理中发挥着关键性作用。

SVG 属于柔性交流输电系统的范畴，SVG 技术是基于第一代（机械静止无功补偿装置）、第二代（电抗器式无功补偿装置）谐波治理技术发展而来的新一代谐波补偿技术。工作原理如图 5.8 所示。SVG 的核心元器件为三相电压逆变器，借助电抗器对输出电压进行控制，通过对电压幅值进行调节确保输出功率的质量，依据幅值大小吸收或输出感性无功功率。在电网中并联桥式换相电路，借助电抗器实现交流输出电压的幅值和相位可调节，对无功电流进行吸收，达到电力系统的无功补偿目的。在电力系统中，SVG 技术的应用包括空载运行模式、容性运行模式和感性运行模式三大类。在空载运行模式中，SVG 不吸收也不输出无功功率；容性运行模式存在超前电流，通过对其幅值进行连续控制以实现对 SVG 无功功率的调节；感性运行模式存在滞后电流，此时可连续控制 SVG 对无功功率的吸收。

在工作原理上，现场使用的 SVG 通过外部电流互感器实时检测负载电流，并通过内部数字信号处理的计算结果来分析负载电流的无功含量，然后根据设置值来控制脉冲宽度调制信号，SVG 向内部绝缘栅双极晶体管发出控制信号，使逆变器产生满足要求的无功补偿电流，最终实现动态无功补偿的目的。

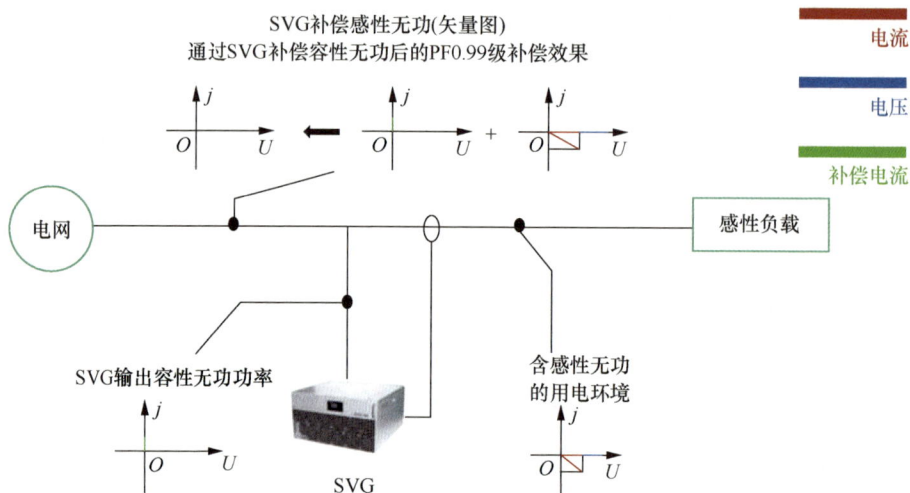

图 5.8　SVG 工作原理

　　大容量变容器的有功功率输出波动、大功率负载的突变、电网扰动及故障等都会引起公共连接点的电压波动，导致电压跌落、闪变及不对称等问题。电网电压波动会增大系统损耗、降低系统容量，影响功率负荷正常运行，降低分布式电源出力波动性，严重时甚至会导致并网逆变器失去稳定性而退出运行。级联 SVG 具有容量大、动态调节速度快等优点，用于电压控制和无功调节时有优势，现已得到应用。

　　级联 SVG 不含公共直流侧，电网电压与 SVG 相电流在各相链节上产生的有功功率包含直流有功分量和二倍频波动分量，二倍频波动功率影响电容电压的纹波，而直流有功功率直接影响电容电压的稳定，因此本章只分析各相链节上的直流有功分量，各相链节上的直流有功分量介绍如下。

　　零序电流分量与线电压在三相链节间产生的直流有功功率不相等，但三相之和为零，因此可以利用零序电流转移相间不平衡的功率。在相电流中，正序无功电流与正序电压产生的直流有功功率为零，正序无功电流与负序电压产生的直流有功功率不为零。

　　线电压与正序无功电流在三相链节间产生的直流有功功率不相等但总

和为零，因此可以利用零序电流转移相间功率以实现功率再平衡。同理，负序电流与正序电压在三相链节间产生的直流有功功率不相等但总和也为零，而负序电流与负序电压在三相链节间产生的直流有功功率相等且三相之和不为零，将导致 SVG 持续吸收或释放能量，引起各相链节上的电容电压失控。为维持 SVG 的稳定运行，需在线电流中引入正序有功电流，使正序有功电流与正序电压产生的直流有功功率抵消负序电流与负序电压产生的直流有功功率。

综合上述分析，零序电流可以转移相电流与线电压在三相链节间产生的不平衡功率，而相电流与线电压在三相链节间产生的三相相等的功率则需引入额外的有功功率来抵消，从而实现装置的功率平衡。

不平衡补偿策略方面，基于施泰因梅茨原理的角形 SVG 通用控制方法不直接求解零序电流，而是利用求解的无源网络实现不平衡负载的补偿。根据角形 SVG 线电压与相电流相量垂直的约束关系，推导零序电流相量。

电压不平衡时，角形补偿器补偿正序无功电流，线电流只包含正序无功分量。而相电流的正序无功电流相量与负序电压相量不垂直，在三相间产生不对称的直流有功功率。不对称的三相直流有功功率之和为零，因此选择合适的零序电流可以转移相间功率，实现各相链节间的功率再平衡。

负序电流补偿方面，不平衡工况下，角形补偿器补偿负序电流时，线电流只输出负序电流分量。负序电流分量与负序电压在三相间产生的直流有功功率分量相等且三相有功功率之和不为零。为维持角形补偿器的稳定运行，需在角形补偿器线电流中引入正序有功电流，使正序电压与正序电流产生的有功功率抵消负序电压与负序电流产生的有功功率，实现角形补偿器的整体功率平衡。

综合补偿方面，不平衡工况下，角形 SVG 进行综合补偿时，对于正序无功电流和负序电流，分别存在一个零序电流分量可以实现变换器三相之间的功率平衡。根据叠加定理，角形 SVG 综合补偿时，所需零序电流为两

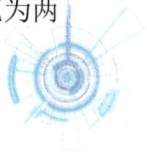

个零序电流分量之和；且角形 SVG 补偿负序电流时，为维持补偿器的整体功率平衡，角形补偿器输出电流中引入了正序有功电流分量。

若负载电流中含有谐波分量，角形 SVG 也可对电流中的谐波进行补偿。设 SVG 对负载电流中的 $k(k \geqslant 2)$ 次谐波进行补偿，当电网电压不含谐波时，相电流中的谐波电流分量与线电压基频分量在各相链节间产生 $(k\pm1)$ 次波动功率，不影响链节的直流有功功率，因此不会对零序电流中的基频分量产生影响。当电网电压中也含有 k 次谐波时，若三相电压和负载电流中的 k 次谐波分量对称，则其在三相链节间产生的直流有功功率相等且总和不为零，为维持整体功率平衡，引入的正序有功电流将发生改变；若三相电压中的 k 次谐波电压和电流不对称，会在三相链节间产生不对称但总和为零的直流有功功率，此时可引入额外的零序电流基频分量重新分配三相功率，k 次谐波的电压和电流分析过程与基频分量的分析类似。相比于基频分量，谐波电压和电流产生的直流功率很小。因此，为简化分析与计算，综合补偿时，对零序电流的推导主要考虑基频电压和电流。

不对称电压控制方面，由于外网功率受负载、环境等的影响，具有随机波动性，从而引起送端电压波动；且接入馈线末端时，存在反向潮流，可能使并网点处的电压越限。电网故障、电压跌落或扰动通常会导致并网点处形成不对称电压，不对称电压会影响并网变换器的输出功率甚至导致变换器退出运行。多伺服电机系统拓扑结构包括光多伺服电机系统、SVG 变压器和电网。多个单元在交流母线汇流、经升压变送至高压母线，SVG 直接连至公共连接点，向电网注入无功功率，稳定电网电压。

柔性无功支撑策略方面，调节 SVG 输出电流的正序和负序无功功率可以实现电压的灵活控制，但不平衡工况下，SVG 各相链节的电流也不再对称。项目提出了一种适用于角形 SVG 的柔性无功支撑策略，既可向电网提供正、负序无功功率，又具有最大电流限幅能力，在向电网提供无功功率的同时可以维持 SVG 的安全稳定运行。本项目主要考虑平均有功功率和无功功率，以及波动功率。平均有功功率和平均无功功率可以分解为正序产生的功率和负序产生的功率。

　　无功支撑策略基于瞬时无功功率理论，在不对称电压控制下，并网变换器提供或吸收的瞬时有功功率和无功功率包含有功分量。已知无功功率求解无功电流指令时，不仅可使用柔性无功支撑策略，还可利用消除有功功率波动（Active Power Oscillation Elimination，APOE）法、消除无功功率波动（Reactive Power Oscillation Elimination，RPOE）法及对称正序电流（Balanced Positive Sequence Current，BPSC）法等，各种方法得到的电流指令不同，计算出的级联 SVG 零序电流和相电流幅值也不一样。本项目主要对比分析 SVG 使用 APOE、RPOE 和 BPSC 三种方法后的性能差异，可以为如何选择无功电流指令求解方法提供参考。

　　无功支撑策略对比方面，不平衡工况下，SVG 输出无功功率时，三相电流不再平衡，此时变换器容量受电流幅值最大的相链节限制。本项目主要对比分析向电网输出相同无功功率时，SVG 使用 APOE、RPOE 和 BPSC 三种方法控制时所需的零序电流、最大相电流幅值及所能提供的无功功率。随着不平衡度增大，APOE 法能提供的无功功率最小，RPOE 和 BPSC 两种方法能提供较大的无功功率；当 k 较小时，RPOE 和 BPSC 两种方法的无功功率输出能力相当。利用三种方法得到最大相电流幅值随电压不平衡度的变化曲线，以及额定幅值限幅情况下利用三种方法输出的最大和最小无功功率随电压不平衡度变化的曲线，从曲线中得到如下结论：APOE 法控制时的相电流幅值最大，BPSC 法控制时的相电流幅值最小；在变容器容量相同的情况下，当不超过相电流限值时，SVG 采用 APOE 法在不平衡工况下提供的无功功率最小，采用 BPSC 法能够提供更大的无功功率，而当电压不平衡度较小时，RPOE 和 BPSC 两种方法所能提供的无功功率相当。

| 5.4　FAST 电气设备防雷系统 |

贵州省地处云贵高原东侧，属于山区或半山区，地形复杂，是国内强对流多发的省份之一。参考平塘县气象记录，平塘县年均雷暴日为 58.1 天，属于高雷区。FAST 台址所在地的地势总体上北高南低，区域内碳酸盐岩广泛分布，洼地属于喀斯特地貌。喀斯特地貌可以保障雨水向地下渗透，使得地下水储量丰富。

由于雨水集中向洼地流淌，洼地在雷雨天气发生时出现短时积水，土壤电阻率发生突变［比山峰（坡）土壤电阻率低］。根据雷击选择性，雷电易在土壤电阻率突变的地段放电，因此洼地要比山峰（坡）更容易遭到雷击。山区气流不同于平原，山谷中的垂直气流通道效应有时会诱导山谷内发生低空雷暴，低空雷暴强度很大。

FAST 建成后相当于在洼地上放置了 500m 口径的巨型金属球面，增大了上空雷雨静电感应产生的电场能量和雷电电磁感应产生的磁场能量，容易击穿空气发生雷击放电。FAST 有 6 座馈源支撑塔、纵横交错的索系及各种线缆，增大了该洼地被雷击的概率。因此，FAST 需要精细考虑雷击风险，进行周密的电气系统设计及防雷设计。

FAST 在建设阶段就进行了系统的防雷设计。考虑到馈源支撑系统遭受雷击概率在各系统中是最高的，雷击可能造成的损失也最大，因此设计在馈源支撑塔、馈源舱等突出部位安装多根接闪杆。接闪杆保护范围为整个支撑塔区域及馈源舱整体，接闪杆利用支撑索接地，馈源舱外罩应做好等电位设计。

入舱电缆和光缆的敷设距离长，雷电电磁感应产生的危害电流较大且有可能诱发雷电绕击风险。如果防护不当，有可能造成线缆内部线路短路从而引发着火或线缆被瞬间击断引起电路开路。因此，入舱电缆和光缆防雷设计应作为防雷系统设计中的重点。

　　入舱电缆和光缆应敷设在支撑索下方，其悬挂装置与支撑索交接物宜采用绝缘物体。光缆的加强钢筋应两端接地，电缆两端的电涌保护器的通流容量应增大。电缆和光缆应与支撑索垂直方向保持 1m 以上的安全距离。同时加强电缆和光缆的绝缘设计，绝缘水平大于 100kV（充 / 放电时间为 1.2/50μs）。

　　馈源舱内电机及控制器的各种电源、信号（限位、旋变、测速、温度、制动等信号）线缆应安装适配的电涌保护器，应增大电涌保护器的通流容量。馈源舱内应做好等电位连接带，舱内电机及控制器的金属外壳的对角两点做接地处理。

　　考虑到馈源支撑塔滑轮、轴承等运动部件安装在支撑塔顶，应在塔顶安装接闪杆，避免滑轮、轴承等运动部件遭受直击雷从而引起热效应或机械力造成运动部件损坏或变形。滑轮、轴承等运动部件应实现良好接地，且与支撑索电气贯通，可以采用软连接、活动接触等方式，防止等电位不良从而造成雷电流跳击。

　　馈源支撑索电机及控制器安装在支撑塔下机房内部，遭受直击雷的风险较小，但容易受到感应雷击破坏。因此，卷索电机、控制器电源、信号（限位、旋变、测速、温度、制动等信号）线缆两端应安装适配的电涌保护器，对于耐雷性能较差的电源设备（如低压设备驱动电源）和信号接口（如控制芯片接口），还要设计雷电电磁隔离和光电隔离设备。

　　FAST 主动反射面面积较大，如果采用安装接闪网保护整个反射面，从工程实施上来说几乎做不到。主要原因有三个：如果接闪网网格尺寸过大，其拦截效率非常低，没有意义；按照国家标准要求，安装符合接闪网格尺寸的接闪网，则需要修建十几座避雷塔，由于避雷塔空间跨度较大，对塔的结构要求较高，基本上很难实现；即使接闪网建成了，在反射面上空建设一个网，会对电磁波信号发射造成影响。因此，反射面系统采用了化整为零、对反射面设备进行局部防护的防雷措施。

反射面系统中主要的电气设备是促动器，按照防雷要求，促动器电源与信号线缆采用铠装屏蔽电缆埋地敷设，对因地形条件需要架空敷设的部分，采用金属桥架走线，并加强线缆绝缘水平设计。各促动器外壳、电源线及信号线外金属层做等电位连接，在各下拉索钢筋混凝土基础接地网及其他人工接地装置中采用接地线贯通，形成一个良好的大型等电位接地网。接地网工频接地阻值应小于 4 Ω，若接地阻值达不到要求，可补增人工接地装置，人工接地装置宜采用深井安装，将接地装置安装在永久地下水位处。

测量控制系统中的 GPS 天线、全站仪等测量设备位于高处，较易受雷击。GPS 天线及接收机、GPS 定位系统设备等馈源接口应安装适配的电涌保护器，接收机的 AC220V 电源处应安装电源电涌保护器。测量控制系统的各种电源、信号线缆宜采用铠装屏蔽电缆埋地敷设，铠装金属外壳或屏蔽层应两端接地，对不能入地的线缆应穿钢管敷设，钢管两端应接地。

激光全站仪安装于各测量基墩上，位于反射面上方，其电源、信号接口安装适配的电涌保护器。惯性导航系统传感器、主机设备电源和信号接口应安装适配的电涌保护器，电涌保护器安装后应不影响传感器的精度。

馈源与接收机射频电路工作时处于 140m 高空环境，且对雷电极为敏感，因此接收机射频电路的防雷设计及安装需要更加细致。接收机射频电路的各级供电系统都需安装防雷模块，所有的电源接口都应安装电涌保护器，传输信号的同轴线缆金属外壳或波导管应妥善接地。

接收机低噪声放大器处于馈源偏振器与混频器之间，馈线较短，雷电电磁感应强度较小，且设备出厂一般都设计有高频槽或滤波器电路，因此馈源出入口处很少被雷击损坏。为了便于开关机控制，在天线下机房或观测室设置低噪声放大器控制器，利用控制器给放大器供电，这个供电线路的敷设距离较长，容易受到雷电干扰，造成低噪声放大器及其控制器的电源模块接口损坏，需重点防护，可安装限制电压和隔离水平较好的电涌保护器。

各种接收机（如数据接收机、跟踪接收机等）的数据和控制信号线缆的传输距离较远时应采用光缆，光端设备要紧挨两端终端设备。较近传输时采用电缆，应在馈线上安装天馈电涌保护器，在控制信号线缆上安装控制信号电涌保护器。接收机各种电源线路（含光端设备电源线路）应安装适配的电涌保护器。对驱动电源等要求较高的电源模块除安装电涌保护器外，还应专门设计防雷击电磁隔离器。

压缩机及制冷设备电源箱、继电控制器线缆和各种温度传感器线缆、远程控制线缆应安装电涌保护器。光缆在进入光耦合器之前，必须将加强筋牢靠接地。光纤传输设备电源要重点做好防雷处理，安装电涌保护器和防雷击电磁隔离器。

工作状态监测系统设备的电源接口应安装电涌保护器，数据线缆布线超过 10m 时应在线缆两端安装信号电涌保护器，但电涌保护器安装后不能影响传感器或采集器的精度。

| 5.5　总结 |

FAST 电气系统为其他各系统提供电力支持，其可靠性要求高，在发生故障时，多数情况下会影响观测，因此日常的巡检维护和自动化管理显得尤为重要。电气设备维护主要包括电力线路的维护、变压器的维护、断路器的维护等。

保证电力线路的正常运行才能使 FAST 观测更加顺利。要确保电力线路的正常运行就必须在日常的工作中注意维护，一般是在发生电力线路绝缘损坏、断线、短路等情况时进行检查和维护。依据定点检表，对线路进行检查，如电力线路是否靠近热源，是否受阳光直射，是否存在机械损伤，绝缘的状况是否良好，螺丝头的松紧程度，等等。

变压器的正常运行对于电气设备的正常工作起着决定性作用。一旦变

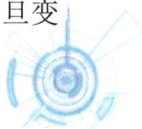

压器出现故障，电气设备就很容易停止工作。在日常工作中，对变压器进行维护主要包括检查变压器的防鼠设施是否完好；保证变压器周围没有积水和杂物；及时清理积尘；检查紧固螺栓的松紧程度，若有松动就及时紧固，防止漏油；检测油的温度和油位。另外，还要注意变压器的运行声音，若有异常要及时解决。

断路器可以分配电能，也就是说它能够减少异步电动机的启动次数，电动机启动的次数少了，就能很好地保护电源线路和电动机。而且，当线路严重过载或短路、欠压时，断路器还能自动地切断电路。对于断路器的维护主要从检查并及时更换橡胶件、检查和更换主要部件、保持空气干燥和管道的洁净三方面入手。在检查和更换主要部件方面，主要部件包括灭弧室、非线性电阻、主阀、传动风缸、通风塞门等，对这些部件进行更换是为了保证断路器能处于良好的工作状态。

综上所述，在日常工作中做好电气设备的维护检修工作，对于电气设备的正常运行有很大的帮助，而且能够在一定程度上提高工作效率，保证观测的正常进行。FAST 供电系统主要功能包括：控制操作和记录功能、数据采集和处理功能、在线维护和修改功能、电能管理功能、系统自检功能、显示和统计打印功能、事件报警和记录功能。

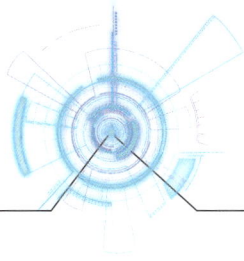

第6章　FAST电子电气系统展望

　　射电望远镜及射电天文观测技术自诞生之时起，就与电子电气技术密不可分。射电天文观测技术的发展很大程度上需要借助电子电气、测控、计算机、机械等领域的技术创新。在FAST建设过程中，电气系统、接收机系统、数据处理系统运用了当时技术领先的大量电子电气设备。随着电子电气技术的发展，FAST设备也需要做出相应的升级。

　　接收机是射电望远镜的核心设备，接收机的升级和性能提升可以显著改善望远镜的整体性能。未来接收机的发展方向主要为多波束、低噪声、宽频带。多波束馈源或焦面阵技术在抛物面天线上的应用始于20世纪60年代末，并于20世纪70年代被引入射电望远镜技术中。目前，FAST在核心的L波段配备一个19波束接收机，相当于望远镜视场扩大了19倍。如考虑进一步扩大FAST视场，则需要借助相控阵馈源接收机技术。

　　相控阵馈源接收机技术是目前国际上最前沿的新型接收机技术，利用多个馈源单元，并通过将多个馈源单元的信号通过赋权相加形成不同的观测波束，其制造技术涉及多领域、多学科专业技术，包括电磁场仿真、宽带馈源设计、低噪声放大器、射频电路小型化、信号传输、高速数模转换、数字信号处理、波束合成等。拟研制的FAST相控阵馈源接收机由低噪声前端及数字终端构成，关键技术主要有常温低噪声放大器技术、高速数模转换、宽带波束合成等。

　　系统噪声温度是接收机的关键指标，为获取极低噪声温度，射电天文接收机通常将低噪声放大器降温至20K。当前，得益于InP化合物半导体技术的发展，制备常温低噪声放大器成为可能。利用 InP 场效应晶体管制备低噪声放大器是近来取得的突破性进展，可在室温条件下获得约 7K 的噪声温度。

相控阵馈源接收机采用低插入损耗馈源及常温 InP 低噪声放大器作为低温前端，可在常温下使接收机噪声温度低于 30K。兼具宽频带、大视场、低噪声等特点的相控阵馈源接收机技术是目前 FAST 巡天观测急需的关键技术。该技术不仅可扩大 FAST 视场，还可扩展巡天观测工作频段，从而提高大口径射电望远镜巡天观测的综合效率。

射电望远镜取得高质量的观测数据，除了需要接收机和终端设备，还需要宁静电磁波环境。得益于 FAST 电磁波宁静区的建立和运行，以及台址内部针对电子设备采取的电磁兼容措施，望远镜周围的电磁波环境维持在稳定、良好的水平。但随着周边经济发展和基础建设的不断推进，无线电信号干扰也随之增加，需要对 FAST 周边的无线电环境进行长期、稳定的监测，为电磁波环境保护和无线电频谱管理工作提供依据。

干扰信号的监测是开展电磁波环境保护的重要手段，根据 FAST 电磁波环境保护的需求，开展无线电干扰智能监测技术研究，包括干扰信号的探测识别和干扰源的高精度定位。在干扰信号的探测识别方面。针对 FAST 台址特性，采用多站点协同频谱感知技术来检测信号，并结合深度神经网络识别信号；在干扰源定位方面，采用基于到达时间差的定位技术，通过广义互相关法估计信号到达不同接收机的时间差，实现在低信噪比下的高精度定位。智能监测技术的研究为建立 FAST 无线电干扰智能监测系统打下基础，并将为 FAST 周边频谱管理和电磁波环境保护工作提供支撑。

FAST 电气系统为整个望远镜运行提供动力，稳定的供电是望远镜正常运行的前提。为提高供电的稳定性、安全性和可靠性，除了日常维护电气系统，还需要根据电网技术特别是智能电网技术的发展，升级和优化 FAST 供电系统。FAST 电气系统未来的发展方向主要包括：提高供电系统抗外网干扰能力，逐步建立多级保供电措施；进一步完善各级供电电压和电流的检测手段，对主要供电节点增加相应的远程控制等。

　　针对 FAST 变电站，通过微机保护装置、开关柜综合测控装置、电能质量在线监测装置、配电室环境监控设备、UPS 等设备组成自动化的综合监控系统，实现了变电、配电、用电的安全运行和全面管理。监控范围包括变电站和配电室等。综合监控系统是应用电力自动化技术、计算机技术、网络技术和信息传输技术，集保护、监测、控制、通信等功能于一体的开放式、网络化、单元化、组态化的系统，可实现对变电站全方位的控制和管理，满足变电站无人或少人值守的需求，为变电站安全、稳定、经济运行提供坚实的保障。